数字媒体艺术与科学前沿丛书

智能设计
感知实验

王军 周艳 王凯平 编著

武汉理工大学出版社
WUTP WUHAN UNIVERSITY OF TECHNOLOGY PRESS

图书在版编目（CIP）数据

智能设计感知实验／王军，周艳，王凯平编著 . —武汉：武汉理工大学出版社，2023.4
ISBN 978-7-5629-6794-1

Ⅰ. ①智…　Ⅱ. ①王…　②周…　③王…　Ⅲ. ①智能设计　Ⅳ. ① TB21

中国国家版本馆 CIP 数据核字（2023）第 042803 号

智 能 设 计 感 知 实 验
Zhineng Sheji Ganzhi Shiyan

项 目 负 责 人：杨　　涛
责 任 编 辑：刘　　凯
责 任 校 对：夏冬琴
装 帧 设 计：艺欣纸语
排 版 设 计：武汉正风天下文化发展有限公司
出 版 发 行：武汉理工大学出版社
社　　　　址：武汉市洪山区珞狮路 122 号
邮　　　　编：430070
网　　　　址：http://www.wutp.com.cn
经　　　　销：各地新华书店
印　　　　刷：武汉市金港彩印有限公司
开　　　　本：889×1194　1/16
印　　　　张：7
字　　　　数：252 千字
版　　　　次：2023 年 4 月第 1 版
印　　　　次：2023 年 4 月第 1 次印刷
定　　　　价：86.00 元

目录

目录

目录

目录

绪　论

1.1 智能设计发展概述

1.1.1 发展背景

21世纪以来，互联网、人工智能、大数据等前沿技术迅猛发展，推动着传统产业向数字化、智能化转型升级，我国已经进入数字智能化时代。自2016年起，先后有40余个国家将人工智能发展上升至国家战略高度。2017年全国两会，"人工智能"首次被写入政府工作报告，政府工作报告针对国家战略性新兴产业发展规划，对人工智能建设发展的相关问题提出议题。同年12月工信部发布的《促进新一代人工智能产业发展三年行动计划（2018—2020）》，为人工智能技术的产业规划战略制订实施计划，推进人工智能和制造业深度融合。

近两年来，越来越多国家认识到人工智能对提升全球竞争力具有关键作用，纷纷深化人工智能战略，全面重塑数字时代全球影响力。人工智能在科技创新和成果应用方面已经取得了重大突破，对社会、经济、军事等领域产生变革性影响。人工智能的应用已经渗透至各个行业领域，与我们的社会生活息息相关。从产业结构上看，人工智能推动了新型产业的发展，优化并升级产业结构。大数据、互联网、云计算等数字技术是目前产业发展的主要支撑，新技术与软硬件结合推动产业结构走向智能化、高端化与服务化，从而满足人们的个性化需求。从生产方式上看，人工智能将传统的人力劳动生产方式转变为机器劳动的方式，使生产方式变得更加系统化、智能化、精确化。机器人、机械臂等智能工具具有智能化分析、自动识别等功能，极大提高了生产效率，保障人们的生产需求。从生活方式上看，人工智能拓宽了交流渠道，保障和改善民生，为我们的日常生活带来便利。网络打破了传统的交流模式，通过线上授课和远程办公的方式使我们能够随意选择地点进行学习、工作和社交。目前，人工智能的终端产品可以帮忙解决一些日常生活问题。例如，智能家居能够帮助分担家务；智能驾驶能够减少交通事故的发生；智能医疗能够辅助医生进行医疗诊断，提高医疗诊断精确率。

人工智能已然进入蓬勃发展的黄金时期，成为新一轮科技革命和产业变革的核心力量，深深地影响着社会发展。智能设计是与我们日常生活最为贴近的领域，如何更好地结合民生需求进行设计，是目前智能设计的主要议题。

1.1.2 发展沿革

国外的人工智能设计领域研究开展较早，具有丰富的相关理论研究与技术成果。目前，国内大量学者开始对人工智能、大数据等技术的相关理论展开实践研究。浙江大学、湖南大学等高校发表了相关研究论文并建设人工智能研究平台，为推进人工智能多学科交叉融合做出了许多有益尝试。例如，浙江大学孙守迁团队在用户认知的产品外观创新设计知识模型、知识的产品创新设计技术研究中，提出了用于分解创新性产品外观案例的模型[1]。

人工智能技术正在不断深入设计工作之中，潜移默化地影响着设计行业。人工智能技术可以帮助设计师快速完成重复性工作，聚焦于核心的创造性工作。同时，人工智能可以学习超大规模的数据集，从而为设计师提供创意来源，帮助提升设计师的创造力[2]。

目前人工智能技术已应用于不同的设计领域和设计阶段，并产生了丰富的研究成果，不同设计领域中的人工智能代表性应用见表1-1。

表1-1 不同设计领域中的人工智能应用

应用领域	应用案例
视觉传达设计	阿里巴巴"鹿班"系统、Tailor Brands平台、The Grid平台等
工业设计	3D/4D打印技术、虚拟建模技术、机器人技术等
交互设计	Blu工具、大数据算法、虚拟现实技术等
环境艺术设计	BIM技术、虚拟建模技术、XKool平台等
数字媒体艺术设计	虚拟现实技术、增强现实技术、计算机图形渲染技术
服装设计	微软小冰、仿生技术、3D扫描技术

人工智能技术在视觉传达设计领域的应用较为广泛，包含图像处理技术、平面排版布局、平面内容感知、平面内容生成等。其中最为大众所熟知的是阿里巴巴公司推出的"鹿班"系统，基于图像智能生成技术，鹿班可以在短时间内完成大量（网页导航）banner图、海报图和会场图的设计，拥有一键生成、智能排版、设计拓展、智能创作的能力，为设计师减轻重复性设计的负担。

在工业设计领域中，3D/4D打印技术、计算机视觉、机器人技术、机器学习等人工智能技术应用广泛。例如，宝

---

① 李月恩. 人工智能与大数据影响下的设计方法学的发展趋势[C].//邹其昌.中国设计理论与社会变迁学术研讨会——第三届中国设计理论暨第三届"中国工匠"培育高峰论坛论文集.上海：同济大学设计创意学院，2019：119-129.

② 刘芳，王遵富，梁晓婷.文化大数据与智能设计平台综述[J].包装工程，2021，42(14)：1-8.

马公司在其BMW VISION NEXT 100概念车中通过智能设计算法开发了汽车动态功能性外表皮和内饰，并配合4D打印方式进行制造，有效提升设计师的工作效率与工作质量。

应用于交互设计领域中的人工智能技术包含Blu工具、大数据算法、虚拟现实技术等，涉及交互界面设计、多感官通道互动等方面。Blu工具可以从UI界面截图中自动检测UI布局信息，并将其保存为蓝图与可编辑的矢量图形[①]，为UI界面布局设计提供方便。

人工智能技术在环境艺术设计领域的应用包括BIM技术、虚拟建模技术、XKool平台等。目前BIM技术广泛应用于室内设计可视化之中，能够实现室内设计施工模拟、天花板建模、墙壁建模、参数化建模等，有效地降低室内设计的时间成本，提高工作准确度。

数字媒体艺术设计专业集中体现了人文、艺术与技术的理念。虚拟现实技术、增强现实技术、计算机图形渲染技术等技术能够为设计发展提供有效帮助。目前，虚拟现实技术被广泛用于数字媒体艺术设计作品的展示，如中国传媒大学数字与动画艺术学院打造了VR虚拟演播室用于展示学生的三维动画作品。

人工智能推动了智能服装的发展，仿生、3D扫描等新兴技术实现了服装的智能化，增强了服装的舒适性。同时，人工智能也改变了服装生产模式。例如，特步与微软小冰合作共同探索前沿AI技术与服装制造零售业跨界合作的新模式，打造柔性生产线，推出定制化服装设计生产及零售平台，实现专属定制服饰的快速生产。

人工智能逐渐成为设计师的助手，可以协助设计师完成重复性的劳动以及海量的数据分析工作，使设计师的精力侧重于对设计方案的评价和判断，由此提升自身的创造力、感受力、鉴赏力与表达能力。

1.1.3　发展趋势

基于人工智能技术的发展背景，智能设计目前呈现三个发展趋势。

（1）"以人为本"的设计理念深度融合

设计是为满足人的需求而进行的创作活动，因此，人的需求是智能设计应用的前提。目前，智能设计产品可辅助用户解决问题，但仍处于半自动半智能阶段，离不开人的指导。那么未来的智能设计将深度融合机器智能与人类智能，给智能产品增加感知、记忆、推理的能力，使机器逐渐具备感知、认知和决策等能力，进而帮助人类实现更好的发展。

（2）人工智能技术升级

技术专家和未来学家雷·库兹韦尔预测人工智能将在2030年达到人类水平，此时，人工智能技术将能够了解用户偏好、预测用户行为和需求、监测用户健康、帮助解决用户问题。智能设计将颠覆传统的设计理念，打破原有的形态和介质，产生融合设计、定制式设计等类型，重新界定产品形态、产业结构与服务模型等。[②]

（3）设计环境空间扩展

在人工智能技术的发展下，人类空间、物理空间、信息空间所形成的三元空间，将扩展为人类空间、物理世界、智能机器世界、虚拟世界的四元空间[③]。2021年是元宇宙元年，美国Facebook公司正式更名为Mate，宣布重点转向元宇宙，元宇宙的概念也由此催生。元宇宙将推动数字艺术的发展，数字文化成为主流文化，非同质化通证（Non-Fungible Tokem，NFT）成为数字文创的价值载体。数字藏品的形式多种多样，包括艺术画作、视频、3D模型、游戏道具、表情包、虚拟地产、音乐专辑等。目前数字藏品爆火，仅2021年，NFT数字藏品共创造超816万总交易量和超65亿美元的总交易额。基于这一发展环境，智能设计将为人机交互、智能工程应用、社交媒体、虚拟现实等提供新的设计方法。

1.2　智能设计涉及的主要领域与特征

1.2.1　感知科学

感知是人对内外界信息的觉察、感觉、注意、知觉的一系列过程。感知科学以人为研究对象，探究人体感官如何感受并了解外部世界。人对外部世界的全部认识，从根本上说是感觉与知觉共同作用的结果。感觉帮助我们察觉由外部环境所发出的能量与化学物质，知觉则是对所接收的物质信息进行组织和整合，最终形成对该事物或环境的认识。

关于感知的研究可以追溯到古希腊时期，哲学家们探讨人是如何从身体之外的世界里获取知识。亚里士多德认为外部世界的所有知识都是通过来自感觉的经验获得的，因此他对五官的感知进行了基本划分，即视觉、听觉、触觉、嗅觉、味觉五感。感知科学的发展历程可分为经验主

---

① 刘芳，王遵富，梁晓婷.文化大数据与智能设计平台综述[J].包装工程，2021，42(14)：1–8.

② 孙凌云，张于扬，周志斌，等.以人为中心的智能产品设计现状和发展趋势[J].包装工程，2020，41(2)：1–6.

③ 同上。

义时期、科学主义时期两个阶段（图1-1）。

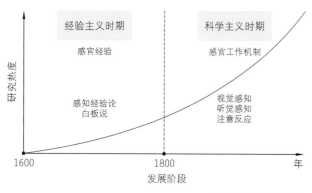

图1-1 感知科学发展历程

1.2.1.1 经验主义时期（17—18世纪）

17—18世纪经验主义学派盛行，认为关于世界的真正知识的唯一来源是感官经验。换而言之，经验主义认为人们对外部世界的所有认识，源于人们看、听、闻、触碰、品尝等方式。

经验主义时期的感知研究以哲学探讨为主，17世纪后期和18世纪中叶，霍布斯、洛克、贝克莱等经验主义者对"人是如何了解世界"这一问题提出理论学说。洛克提出了"白板说"，认为人的灵魂如同一张白纸，所有知识均非天赋而来，而是后天所得。贝克莱同样认为知识起源于感觉经验，然而他将感觉推向极端，认为事物只不过是观念的集合，存在即被感知，该经验主义被称为感知经验论。

1.2.1.2 科学主义时期（19世纪—至今）

至19世纪，随着科技的发展，感知研究的重点逐渐偏向五个感官的工作机制。1879年，心理学之父冯特在莱比锡大学创立世界上第一个专门研究心理学的实验室，开始了一系列有关视觉、听觉、注意和反应时间的实验，从生理的角度解释感知机制。感觉与知觉属于科学范畴，与生物学、化学、物理学等学科联系紧密，涉及若干科学领域的知识。例如，研究视觉须了解光的本质以及对眼球感受器细胞的生物化学作用，研究听觉则须了解声音如何在内耳传播并转化为神经信号。

1.2.2 认知科学

认知是脑和神经系统产生心智的过程和活动。认知科学是一门与心智与智能相关的跨学科研究，涉及哲学、心理学、人工智能、神经科学、语言学和人类学等多门学科。认知科学以人为研究对象，探究人类感知和思维信息处理过程及其工作机制，包括从感觉的输入到复杂问题求

解，从人类个体到人类社会的智能活动，以及人类智能和机器智能的性质。认知科学的兴起和发展标志着对以人类为中心的认知和智能活动的研究已进入新的阶段。

认知科学有一个长的过去，但只有一个相对短的历史。长的过去是指早在古希腊时期，柏拉图、亚里士多德等哲学家就已经开始思考"人是如何认识世界"这一问题。然而古希腊时期科学技术水平有限，并未通过科学的方法深入研究人的认知心理机制。真正以现代科学方法进行认知研究是从近现代开始的。认知科学的发展历程可分为第一代认知科学、第二代认知科学、第三代认知科学三个阶段（图1-2）。

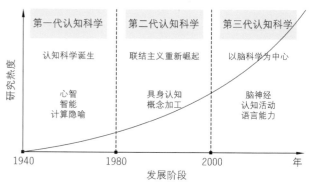

图1-2 认知科学发展历程

1.2.2.1 第一代认知科学（20世纪40年代—20世纪80年代）

认知科学的学术起源可以追溯到20世纪四五十年代，不同学科领域的研究者们在人类复杂表征和计算能力的基础上提出一系列心理学理论。1956年，大脑思维过程的相关研究成果出现爆发性增长，认知心理学、人工智能、生理学等领域纷纷发生了被后来研究者认为的标志性事件，使得该年被认为是"认知科学元年"。至1973年，朗盖特·希金斯首次提出并开始使用"认知科学"一词。20世纪70年代中期，研究者们成立了认知科学学会并创立《认知科学》期刊。1978年，认知科学现状委员会递交给斯隆基金会的报告中将认知科学定义为"关于智能实体与它们的环境相互作用的原理的研究"，然后该报告的作者们沿着两个方向展开这一定义。第一个是外延方向，列举认知科学的分支领域（计算机科学、心理学、哲学、语言学、人类学和神经科学）以及它们之间的交叉联系；第二种是内涵方向，指出共同的研究目标是"发现心智的表征和计算能力以及它们在人脑中的结构和功能表示"。

第一代认知科学研究主要围绕"心智"和"智能"两个主题进行，研究者们将人的心智活动研究与"计算思维""信息加工"紧密结合，相关研究大多是在脱离人的身体机制的情况下研究人的认知功能，形成了"计算隐

喻"这一关键词[1]。"计算隐喻"成为第一代认知科学中被大多数学者认同的主流观点，具有较大的影响力。

1.2.2.2 第二代认知科学（20世纪80年代—21世纪初期）

20世纪80年代中期，随着联结主义重新崛起，关于认知科学的内涵出现变化。第二代认知科学以精神和身体、思维和行为、理性与感觉之间的交互作用为基础，重新思考人类心智的核心特征。由此发现，人类的认知与心智和身体的物理属性高度相关，大脑通过身体与外部世界的互动对于高级认知过程起着关键的作用，这种认知方式被称为"具身认知"。至20世纪90年代，具身认知成为第二代认知科学的核心。与具身认知相关的身体理论，帮助人们更好地理解什么是身体，以及身体在智能和认知活动中的作用[2]。

第二代认知科学中具身认知的范式转变，使得概念加工和认知神经学研究成为认知研究的新潮流。人类认知研究经历了"人-计算机"的浪潮后，又再次回到真实的人、真实的人体认知机制本身，技术辅助下的大脑与神经系统研究取得了飞速的发展[3]。

1.2.2.3 第三代认知科学（21世纪初期—至今）

进入21世纪，CT扫描、磁共振成像、正电子发射断层扫描等能够用非损伤的方式更广泛、更长期地观察人的大脑活动的脑成像技术发展成熟，同时，基因组测序、神经环路等其他生物技术也为脑科学研究提供技术或研究支持，由此掀起了以脑科学为中心的认知研究浪潮。

2004年霍华德在《神经模拟语义学》一书中提出了"第三代认知科学"的概念。第三代认知科学是以认知神经科学研究为基础，通过脑成像、计算机神经模拟技术，探索人的认知行为与脑神经之间的关系与联系机制，即探索人类语言、情绪、思维、决策等高级功能的认知过程。

认知科学详细解释了人脑的信息处理工作机制，目前仍然存在分歧与争议，尚未得到足够的统一和整合，需要未来继续深入研究。

1.2.3 人工智能

人工智能是研究开发能够模拟、延伸和扩展人类智能的理论、方法、技术及应用系统的一门新的技术科学。人工智能的目的是通过人工的方法和技术，促使智能机器会听、会说、会看、会思考、会学习、会行动。

人工智能的发展历经艰辛与坎坷，经历了三次浪潮、两次低迷时期，总体上大致可分为起步发展期、反思发展期、应用发展期、低迷发展期、稳步发展期、蓬勃发展期这六个阶段（图1-3）。

1.2.3.1 人工智能的起步发展期(1956年—20世纪60年代初)

1956年，在美国的达特茅斯学院召开了人类历史上第一次人工智能研讨会。会议上首次提出"人工智能"一词，并讨论制定其初步发展路线，人工智能的研究由此开始，该年也被视为人工智能元年。人工智能的概念提出

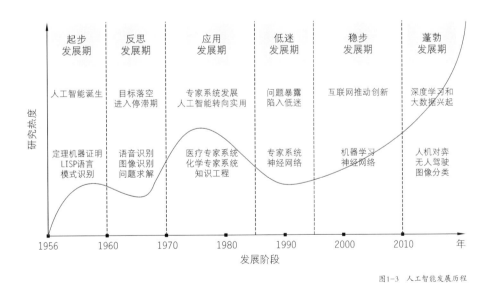

图1-3 人工智能发展历程

---

[1] 李曼丽，丁若曦，张羽，等.从认知科学到学习科学：过去、现状与未来[J].清华大学教育研究，2018，39(4)：29-39.

[2] 同上.

[3] 同上.

后，发展出了符号主义、联结主义(神经网络)，开启了各国政府、研究机构、军方对人工智能投入和研究的第一波热潮。

这一时期，学者们在定理机器证明、问题求解、LISP语言、模式识别等关键领域取得了重要进展。例如，1956年纽厄尔和西蒙研发的"逻辑理论家"程序，该程序模拟了人们用数理逻辑证明定理时的思维规律，被认为是人工智能的真正开端。塞缪尔研制的具有学习功能的跳棋程序，打败塞缪尔本人和美国一个州的跳棋冠军，是人工智能的一个重大突破。1963年纽厄尔发布了问题求解程序，首次将问题的领域知识与求解方法分离开来，标志着人类走上了以计算机程序模拟人类思维的道路。

1.2.3.2 人工智能的反思发展期(20世纪60年代—20世纪70年代初期)

由于人工智能发展初期取得了突破性的研究成果，人们开始在此基础上进行更具挑战性的研究。例如，1974年哈佛大学沃伯斯博士在论文中首次提出通过误差的反向传播(BP)来训练人工神经网络。

然而这一时期，研究者们也提出了一些不切实际的研发目标。受到基础科技发展水平以及可获取的数据量等因素的限制，这一时期的人工智能在机器翻译、问题求解、机器学习等领域出现了一些问题，在语音识别、图像识别等简单的机器智能技术方面取得的进展非常有限。因此，西方国家政府大幅削减了人工智能项目的投入，人工智能的研究也因此进入停滞状态。

1.2.3.3 人工智能的应用发展期(20世纪70年代初期—20世纪80年代中期)

20世纪70年代，专家系统的研发成为人工智能研究的新突破口，专家系统能够模拟人类专家的知识和经验解决特定领域的问题，实现了人工智能从理论研究走向实际应用、从一般推理策略探讨转向运用专门知识的重大突破。1965年，斯坦福大学的费根鲍姆和化学家勒德贝格合作研制DENDRAL系统。此后，许多著名的专家系统相继研发成功，如探矿专家系统PROSPECTOR等。专家系统的开发趋于商品化，创造了巨大的经济效益。

1977年，费根鲍姆在第五届国际人工智能联合会议上提出知识工程的新概念。知识工程的兴起，确立了知识处理在人工智能学科中的核心地位，使人工智能摆脱了纯学术研究的困境，使人工智能的研究从理论转向应用。

专家系统在医疗、化学、地质等领域取得成功，以及知识工程的兴起，推动人工智能走入应用发展的新高潮。

1.2.3.4 人工智能的低迷发展期(20世纪80年代中—20世纪90年代中)

随着人工智能的应用规模不断扩大，专家系统存在的应用领域狭窄、缺乏常识性知识、知识获取困难、推理方法单一、缺乏分布式功能、难以与现有数据库兼容等问题逐渐暴露出来。专家系统的能力来自于它们存储的专业知识，知识库系统和知识工程成为80年代AI研究的主要方向。但是专家系统的实用性仅局限于某些特定情景，在经历了一段高速发展期后人们对专家系统由狂热追捧转向巨大的失望。1987—1993年，现代PC研发出世，其费用远远低于专家系统所使用的Symbolics和Lisp等机器。相比于现代PC，专家系统被认为古老陈旧且非常难以维护，于是政府投入经费开始下降，人工智能的发展又一次陷入低迷。

1.2.3.5 人工智能的稳步发展期(20世纪90年代中期—2010年)

自20世纪90年代中期开始，互联网技术飞速发展，加速推进机器学习和人工神经网络的研发工作，人工智能实现了巨大的突破，并进一步走向实用化。1997年，国际商业机器公司（简称IBM）的超级计算机深蓝完胜国际象棋大师卡斯帕罗夫，重新点燃了人们对人工智能的希望。2004年，日本率先研制出了人形机器人Asimo。2006年，多伦多大学教授辛顿在前向神经网络的基础上，提出了深度学习。深度学习在AlphaGo、无人驾驶汽车、人工智能助理、语音识别等方面取得很大进展，对工业界产生了巨大影响。之后，图形处理器、张量处理器、现场可编程门阵列异构计算芯片以及云计算等计算机硬件设施不断取得突破性进展，为人工智能提供了足够的计算力。

1.2.3.6 人工智能的蓬勃发展期(2011年—至今)

随着大数据、云计算、互联网、物联网等信息技术的发展，图像分类、语音识别、知识问答、人机对弈、无人驾驶等人工智能技术能力快速提升，大幅跨越了科学与应用之间的"技术鸿沟"，迎来爆发式增长的新高潮。2014年，Goodfellow及Bengio等人提出生成对抗网络（GAN），GAN被誉为近年来最酷炫的神经网络。2016年，AlphaGo完胜世界围棋大师李世石，将人工智能发展的浪潮推到了一个新的高度。世界主要经济大国加快布局人工智能，加大对人工智能产业的投入，出台各项鼓励人工智能发展的政策，为人工智能在全球范围内取得新的突破打下了坚实的基础。

1.3 感知研究发展特征及范畴

1.3.1 感知实验的特征

感知实验是通过对人体感知器官进行刺激，同时采用生理检测仪器获取客观生理数据的实验。与医学感知实验的不同之处在于，其对象由疾病患者扩展到正常健康人群，目的也从单纯地监测病人生理信号扩展到通过获取人体客观生理数据而建立对设计产品的评价体系。

近年来，基于生理信号的智能设计产品评估成为新的研究趋势，该类实验方法主要是对眼动、脑电、心电、皮电、肌电等生理信号数据进行采集、整理、分析，结合生理信号与关注度、喜好度、兴奋度的关系从而推理判断出实验者对实验产品的关注点与兴趣点抑或是熟悉度，如此获得的评价结果更加具有客观性与真实性。与普通的问卷调查、访谈等设计实验相比，感知实验更加具有技术上和方法上的优势，是认知评估的主要技术手段。

1.3.2 感知实验的研究目的

感知实验的研究目的多种多样，不同的学科有着不同的目的，但是它们有着共同的特点就是客观反映被试者真实的生理反应，从而能够得到客观有效的数据，排除主观因素的干扰。

在设计学中，感知实验的目的可以根据设计的阶段进行划分，主要分为设计前阶段与设计后阶段两种。

1.3.2.1 设计前阶段

设计前阶段的实验目的主要是通过感知实验收集归纳被试者的行为习惯、喜乐偏好、体验需求等客观数据资料，从而根据所得资料设计出更加科学、人性化的成品。例如，孙瑞、李娟两位研究者采用眼动实验的方法（图1-4），捕捉被试者在不同图案、文字、布局对比的非物

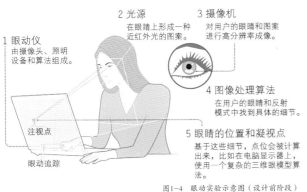

1 眼动仪
由摄像头、照明设备和算法组成。

2 光源
在眼睛上形成一种近红外光的图案。

3 摄像机
对用户的眼睛和图案进行高分辨率成像。

4 图像处理算法
在用户的眼睛和反射模式中找到具体的细节。

5 眼睛的位置和凝视点
基于这些细节，点位会被计算出来，比如在电脑显示器上，使用一个复杂的三维眼模型算法。

注视点

眼动追踪

图1-4 眼动实验示意图（设计前阶段）

质文化遗产海报时的眼动行为，从用户体验与可用性角度分析被试者对海报中图案、文字、布局的偏好与需求[1]。根据分析结果，提出非遗文化平面宣传海报的设计建议。例如，中心对称和集中版型海报更容易突出主题；竖版海报可将设计要素布局在中轴线及其两侧，有利于提高海报的传播性和辨识度。

1.3.2.2 设计后阶段

设计后阶段的实验目的是利用感知实验对已有设计的可用性进行评测，根据被试者的体验反馈结果找出设计中存在的问题，从而进行设计的优化与升级。例如学者牛亚峰采用脑电实验的方法，对数字界面中文字、图标、颜色、窗口、布局等元素的可用性进行评价，通过分析被试者进行操作任务时的脑电信号，判断哪些元素存在改进的空间，并由此进行数字界面的整体优化[2]。见图1-5。

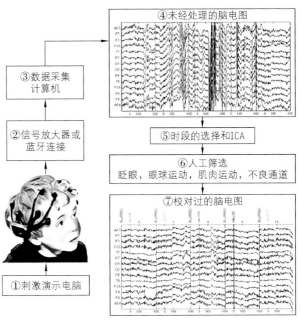

④未经处理的脑电图

③数据采集计算机

②信号放大器或蓝牙连接

⑤时段的选择和ICA

⑥人工筛选
眨眼，眼球运动，肌肉运动，不良通道

⑦校对过的脑电图

①刺激演示电脑

图1-5 眼动实验示意图（设计后阶段）

1.3.3 感知实验的复杂性与重难点

1.3.3.1 感知实验的复杂性

感知实验（图1-6）的复杂性在于感知本身就是一个复杂的过程。我们身体的每一个器官都是外在世界信号的"接收器"，只要是它范围内的信号，经过某种刺激，器官就能将其接收并转换成感觉信号。随后经由神经网络传输到我们的思维中心——"大脑"，进行情感格式化的

① 孙瑞、李娟.基于眼动仪的非物质文化遗产平面视觉体验研究[J].包装工程，41(8)：263–368.

② 牛亚峰、薛澄岐、王海燕、等.复杂系统数字界面中认知负荷的脑机制研究[J].工业工程与管理，2012(6)：72–75，82.

处理从而产生感知。感知实验的复杂性还在于其整体的操作流程。一个完整的感知实验包含实验方案的设计、实验设备的操控、实验数据的处理与分析等，环环相扣，任何一步的失误都有可能导致实验结果产生误差。本书主要介绍眼动、脑电、心电、肌电、皮电五种感知实验，除此之外，还有更多不同种类的感知实验，如力触觉、语言类等感知实验，但是不在本书的研究范围内。

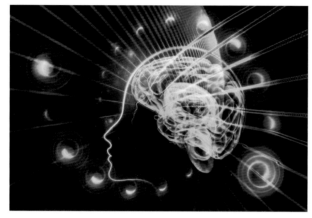

图1-6 感知实验

1.3.3.2 感知实验的重点

感知实验的重点在于实验方案的设计，包括选取实验刺激材料、选择实验被试者、布置实验场地三个方面。

实验刺激材料的选取是实验成功的关键。首先，实验刺激材料需具有科学性，根据实验要求对实验材料进行统一处理，保证实验材料的大小、间距、质量等一致，减少其他因素的干扰。其次，实验材料的数量需具有合理性，数量过多可能导致被试者实验疲劳，影响实验数据。最后，实验材料的放置顺序需具有客观性，避免对被试者产生引导偏向。

实验被试者的选择是指从研究群体中抽取小部分作为全体代表进行实验，因此在挑选实验被试者时，须注意被试者是否具备该群体的特征。例如，某实验主要研究驾驶者的驾驶行为，那么所挑选的被试者需具备驾驶技能，且具有一定的驾驶经验。被试者的数量同样重要，一般取决于研究性质与需求，但建议在允许的范围内尽量多选择，以满足统计检验的需求，使得实验结果更具备普遍性。

实验场地的布置影响实验结果。实验场地中的照明设施会影响被试者的实验行为，须将灯光等调至被试者觉得舒适的状态，减少对被试者的干扰。而针对部分易受外界干扰的精密性实验，则需要注意实验室的建设。例如，脑电实验，由于脑电信号十分微弱且易受到干扰，因此脑电实验室须具备隔绝信号、噪声的功能。

1.3.3.3 感知实验的难点

感知实验的难点体现在无论是硬件操作还是软件操作都具有一定的专业性，感知实验的仪器设备属于精密仪器，实验人员需要通过一定的学习和培训才可以进入正式的实验阶段。数据导出和分析阶段也是非常重要的环节，需要有专业人士辅助计算与分析，才能够得出结果。感知实验会产生大量的数据，我们首先需要将数据进行清理，以检验数据中的变量是否合理，案例结构是否符合逻辑的一致性，逻辑不一致表明记录有误，或是编码时出错，或是录入时出错，需要及时做出修正，这种逻辑上的错误是较容易发现的。还有一类错误无法通过逻辑一致性来进行判断，数据库不大的情况下需要对原始数据一项一项地进行核对，若数据库过大就只能通过抽检的方式来发现并校正。

同时，感知实验对实验环境有着较高的要求。在眼动实验中，已研发出众多便携款设备，方便实验在户外进行，虽然采样率与性能和台式设备相比存在一定差距，但也足够满足多种类实验条件；而台式眼动仪对实验室的座椅、灯光等要求较高。在生理电信号实验中，由于生理信号极其微弱易受干扰，因此对实验环境要求更高，需要抗干扰且空旷的实验环境。

被试者也需要谨慎选择。例如，眼动实验中被试者不能患有白内障等眼部疾病；肌电实验中，面对患有相关疾病的被试者需要考虑距离上一次病发的时间、身体上与精神上的健康状况、待测肌肉要有一定的主动运动功能等。

1.4 感知实验研究的方法体系

1.4.1 定量化实验研究方法

定量研究分析可以使设计研究严谨、精确，也可以使设计研究对象从以个案实践为中心转向以普遍整体为中心，并能开辟或利用资源数据库为设计艺术学的发展奠定良好的基础。定量研究分为资料定量化和资料计量分析两步。

1.4.1.1 资料定量化

在收集到的资料中，隐藏着许多信息，在使用这些资料前，先要把资料定量化，以便分析、比较。以下为资料定量的基本步骤。

（1）对资料分类整理

对所得资料进行分类整理是定量化的第一步。首先要检查这些资料，将所拥有的各类信息和数据以不同的类型进行区分，分类方法包括定名分类、定序分类、定距（或定比）分类三种，如表1-2所示。

表1-2 资料分类方法

分类方法	方法说明
定名分类	按名称进行分类，是最简单、最常见的分类形式。其中各个类别没有高低轻重之分，不必作次序排列
定序分类	按大小次序进行排序分类，一般用于所获得数据表现出明显的重要性差异时，较定名分类更具分析价值
定距（定比）分类	通过区间划分和比率的方式进行分类，可以分出高低、大小、强弱不同的类别，并可测量不同类别之间存在的差别大小

（2）资料的转换

定量化研究方法所收集到的大量信息资料中，有一部分是带数据的，这些资料稍加整理就能成为定量资料。但大部分信息没有对应数据，从本质上讲是定性形式的，如男女性别、文化程度、专业设计、工种等。对于这些非数值信息，必须先进行编码，也就是给每一个问题及答案一个代码，再根据已确定的标准将信息转换成可统计的数据。

编码的方法有的比较简单，可以按照客观情况设立编码方案，这是社会学研究中最常见的方式之一。但对某些设计问题，编码则比较复杂。编码的目的是将资料项目转换成可以供统计的数字，因设计研究的信息资料庞大，且都缺少相应数值，将这些信息转换成数码将非常烦琐。这种情况下可以通过制定编码簿的方法进行资料转换。编码簿是编码的基本原则或指南，整个格式统一、规范，编码意义简明易理解，以供多人使用。

（3）资料录入与数据清理

将设计的信息资料转化成数据形式的量化资料后，还要把量化资料录入电脑，以便读取和处理。录入分为人工输入、SPSS录入、光电录入三种方式，如表1-3所示。

表1-3 资料录入方式

录入方式	方式说明	录入流程
人工输入	手动将编好的数据录入电脑，是最简便的方式之一，无需特殊硬件设备与软件	①统一录入数据格式；②核对数据内容；③手动录入电脑
SPSS录入	将数据录入Excel电子表格后转换至SPSS系统中	①在Data View中将数据录入；②录入储存数据；③在Variable View中对数据库中的各项变量加以定义；④再次储存
光电录入	光电扫描：在专用的光学扫描纸上扫描录入数据	①使用扫描仪器扫描编码数据；②电脑录入数据并保存
	条形码判读：将数据编码相对应的条形码直接扫描入电脑之中	

当资料完全量化录入电脑之后，还要对录入数据作分析前的最后的清理，以检验数据中的变量是否合理，案例

结构是否符合逻辑的一致性。例如，在男女性别变量数值中出现数字3，这个数字超出了男性变量1、女性变量2的合理范围，须重新核对并更正；在色彩属性的认可度数据中，三角形出现在红、橙、黄、绿、青、蓝、紫的色相系列中，三角形为造型形态，不属于色相系列，也须对数据进行核对和更改。逻辑不一致表明记录有误，错误可能出现在编码环节或录入环节，须作修正。还有一类错误无法通过逻辑一致性来审核。例如，性别，男性赋值为1，但录入为2。再如，色相系列，紫色变量数值为1，但录入为10。这些错误须通过与原始数据核对才能发现。

1.4.1.2 资料计量分析

资料定量化完成后，就要进行资料计量分析。首先应将资料转化为频数分布表等各种常用的统计图表（表1-4），将繁复庞杂的资料数据简化为直观的形式，帮助我们更多地理解计量材料，以便进一步分析。

表1-4 统计图表

统计图表		图表说明
频数分布表		以列表的方式显示相关数值，分布表反映事实关系
百分比、比率与百分位数	百分比	百分比可以把量化的数据进一步标准化，以利于将数据置于同一基础上作比较
	比率	比率与百分比不同，它的计算可以是不同特质、不同类别的实物
	百分位数	在一个整体数值之下的若干个定位指标
统计图		能将烦琐的数据转化成图解的形式呈现资料，其效果较频数分布表更好

接下来就要对数据中的变量关系作出分析，最基本的方法包括集中趋势分析、变异统计分析和区间估计，此为单变量统计分析；交互列表和二元回归分析等，这是双变量统计分析的内容；阐释模式和多元回归分析，属于多变量统计分析的内容。变量关系分析方法如表1-5所示。

表1-5 变量关系分析方法

变量关系分析方法		类型说明
单变量分析	集中趋势分析	以一个典型值来代表一组数据的一般面貌的方法，常用的有众数、中位数和平均数
	变异统计分析	当某一个典型值来衡量数据资料不合理时则需要用变异统计分析法来解决。常用的量有全距、四分位距、方差和标准差
	区间估计	区间估计是推论统计方法的一种，是利用抽样统计数值来估计总体的方法，有总体均值和总体百分数两种估计方式
双变量分析	交互列表	将一组数值按不同的两个变量列表显示，可以对资料的总体分布、内在结构以及变量关系作出解释
	二元回归分析	当需要对两个变量之间的共变特征进行描述时，可以采用二元回归分析解释两个变量的因果关系
多变量分析	阐释模式	通过引进第三个变量来分析原有的两个变量的关系
	多元回归分析	以多个自变量评估一个因变量的方法，在自变量合力的作用下，比较不同自变量对因变量的作用大小

1.4.2 定性化实验研究方法

定性研究是一种非常传统又新颖的研究方法，在人类学、社会学、心理学和民俗学等研究领域积累了许多丰富的经验，构成了系统的理论与方法。如今设计艺术学的研究也尝试应用此方法，以实地体验或文献分析为研究起点，通过对设计活动和现象的长期的整体的研究来解释设计物及设计文化现象和意义。了解并掌握定性研究方法将有助于我们扩展研究思路，全面、深刻地把握设计问题。

1.4.2.1 定性研究策略

定性研究方法基于自然主义和阐释主义理论，目前学界较为接受的定义如下："在自然环境下，使用实地体验、开放型访谈、参与型和非参与型观察、文献分析、个案调查等方法对社会现象进行深入细致和长期的研究；分析方式以归纳法为主，在当时当地收集第一手资料，从当事人的视角理解他们行为的意义和他们对事物的看法，然后在这一基础上建立假设和理论，通过证伪法和相关检验等方法对研究结果进行检验；研究者本人是主要的研究工具，其个人背景以及和被研究者之间的关系对研究过程和结果的影响必须加以考虑；研究过程是研究结果中一个不可或缺的部分，必须详细加以记载和报道。"[①]

根据这一定义，定性研究方法应用于设计艺术学研究时也可有多种研究策略，如表1-6所示。定性研究总的策略

表1-6 定性研究策略

定性研究策略		策略说明
实地实物考察	实地观察法	包含"地域""空间""材料""工艺""景观""物品"等一些特定的设计生产使用的物质环境，以及"习俗""技艺""文化""欣赏"等生活中的非物质环境
	实物研究法	实物，真实的设计物品；图像，反映设计物的图片；文字，与设计相关的古代文献、历史记录、书信札记、产品说明书、策划创意书等
研究者测量分析	当事人访谈	直接与设计者、制造者或消费者交谈，从当事人的视角获取更详细的设计问题相关资料，深刻理解设计事实的真相和使用者的需求
	回顾相关文献资料	了解目前的理论和研究程度，本研究所处的位置以及可突破的方向
	了解外在影响因素	如政治、经济、社会、文化等外部宏观因素，或家庭、个人、性别等微观影响因素
	研究者的自身经验	为研究工作确立一个大概的研究框架，包括技术层面、文化层面、设计层面、审美层面等重要的研究层面，在研究过程中能起到导向作用
资料整体归纳		通过和实际设计现象的长期的观察联系来获得设计活动的全过程

是注重整体归纳，归纳法是从个别事实走向一般概念和结论的思维方法。归纳的主要任务是理解设计事物和现象的因果联系，认识设计规律。透过复杂现象抓本质，将特殊的、个别的设计事实和现象归入某一范畴，寻求支配的规律性。运用分析、比较、综合、概括以及探究因果关系等一系列逻辑方法，推导出一般性假说，再反复对其修正、补充，直至最终完成对于某一类主题的归纳，获得普遍性结论。

1.4.2.2 定性研究类型

定性研究存在三种不同的研究类型：扎根理论、艺术人类学和阐释学，这三种类型不是定性研究中全部的研究类型，而是适用于设计艺术学研究的三种主要类型。如表1-7所示。

表1-7 定性研究类型

定性研究类型	基本思路	思路说明
扎根理论	自下而上，生成理论	在不作假设的情况下收集原始资料，从下往上，层层分析生成适用于特定时空的理论，最终上升为具有普适性的形式理论
	不断比较，反复验证	比较是扎根理论分析资料和理论的主要方法，将所获资料进行比较，提炼出相关类属及属性。各类属间作比较，寻找联系点，生成理论后与原始资料比对验证，不断优化理论
	资料编码，理论抽样	对资料进行分析，找出概念之间的联系，发展出理论概念，将初步生成的理论作为下一步资料抽样的标准，基于资料内容建立假设，在反复比较中产生理论
	文献互动，理论评价	研究者面对原始资料时既要有个人的解释判断，也要结合前人的研究成果，多看资料，多读文献，多作反思。理论的生成一方面是个人对资料的理解所致，另一方面也是个人、资料、文献三者互动的结果。理论应以丰富资料为依据，应有密集的概念，在概念之间有合理的关联，并具有较宽广的应用范围
艺术人类学	从设计行为切入	对行为关注可以获取对设计现象的一系列认识，如价值观、信仰、习俗、方式、过程、经验等。研究者更要关注人，把设计制造者、使用者当作一个文化"信息体"，围绕他们的思想行为，发掘设计的新意义
	注重设计文化现象	文化是人类学研究的中心概念，不论古代还是当代，人与人之间最重要的区别是文化。艺术设计之所以具有特殊性，也是因为生活中文化的影响。因此，对于设计的人类学研究来说，应把设计文化作为理解人类设计活动的中心
	场域体验的操作方式	深入研究对象所在地区，在整体上把握对象及其文化环境，从经验事实的体验中寻求内在逻辑及理论观点
阐释学		把设计放在一个多彩的具体语境中进行解释说明，能打开解释的新视域，产生其他隐喻。解释隐喻的魅力在于其可能解释的范围和多样性，并由此能够在境遇的不断转换中去理解设计过程

---

① 陈向明.旅居者和"外国人"——留美中国学生跨文化人际交往研究[M].长沙：湖南教育出版社，1998：37-38.

1.4.2.3 定性研究基本步骤

定性研究分为资料收集、资料分析与结果检验三步。

（1）资料收集

定性资料是指那些从实地考察中所得到的访谈记录、观察文字、速记符号、图片、录音、摄影信息等，以及其他类似的文献资料和相关实物。根据这一定义，设计定性资料的来源至少有四种：一是实地访谈；二是观察所得；三是文献资源；四是实物器具（表1-8）。

表1-8　定性资料来源

资料来源	形式内容	收集方式
实地访谈	访谈记录、录音、图片、受访者概况	交互式访谈
观察	图片、录像、体验过程、心得	参与型或非参与型
文献资源	古籍、画稿、图片、音像、信件、图谱、符本	查阅解释
实物器具	文物、民间用具、制作工具、设备、个人物品	触摸分析

接下来是对所得资料进行分类、归档。原始资料应依据一定的标准分门别类，标以代码，这个过程又称编码。按照草根理论，有三种前后递进的编码类型：开放式编码、关联式编码、核心式编码。

（2）资料分析

定性资料分析是以发现资料中的相似性和差异性为目的，并进一步探寻这种相似性的根本原因。一般有连续接近法、举例说明法、比较分析法、流程图法四种分析方法，如表1-9所示。

表1-9　定性资料分析方法

分析方法	方法说明
连续接近法	通过一系列步骤，对收集起来的较为模糊、含混、杂乱、零碎，但又非常具体的资料进行综合分析
举例说明法	通过举例子的方式来说明一个概念、一种理论
比较分析法	对已有的理论或规律之间进行分析，观察其异同之处
流程图法	用图的方式表现事物过程

（3）结果检验

对于定性分析研究结果能否检验，也就是定性研究中的效度、信度如何确定，有许多的争论，大多数学者认为，对定性分析研究结果是可以作出适当的评价的。这里有个"评价效度"的问题。评价效度指研究者对研究结果所作的价值判断是否真实，如果研究者挑选那些可以支持自己评价框架的材料，那么研究结果的评价效度就比较低。为验证定性分析研究结果的效度，社会学者提出了7种检验手段（表1-10）：侦探法、证伪法、相关检验法、反馈法、参与人员检验法、收集丰富的原始资料、比较法。

这7种检验手段也可作为我们检验设计艺术学定性分析研究结果的参考。

表1-10　检验方法

检验方法	方法说明
侦探法	查找问题线索的方法，对分析结果作仔细阅读评判，发现漏洞后一步步检查，最后将问题集中到一起进行分析
证伪法	用各种方法去否定分析研究所作的结果或假说
相关检验法	对分析研究所获得的结论，用不同的方式、手段、时间去对原始资料中的事实进行核对验证
反馈法	将结果与同学、同事、老师等一同讨论，对讨论的结果进行信息整理
参与人员检验法	将研究者所作的研究结果交给被研究者，观察其反应
收集丰富的原始资料	回到原始材料中寻找依据
比较法	将结论放入当前的理论环境下进行观察比较，观察是否符合相关理论

1.4.3　交叉研究与方法综合

在当代科学研究中，学科分化和整合是一种趋势，学科交叉是伴随社会和学科的不断发展出现的一种综合性科学活动，不同学科之间的交叉地带在科学研究中会被认为是科技创新的重要来源，存在着可能的科学前沿问题。识别学科交叉地带的科学研究活动，探寻具有前沿性质的学科交叉研究领域、知识或主题，对于引导相关科学研究，加快促进科技创新具有重要价值。

设计研究的复杂性告诉我们，设计问题常常会因研究案例的不同而改变其性质和结果，对案例作综合性研究就十分必要。在大部分情况下，研究者往往并不只用一种研究方法，而是集合多种方法的优势，研究一个设计问题，通常这种做法能获得成功。多角度观察、多种方法的综合也是开展当代学术研究的一种趋势。研究方法的综合可以包括多个方面：有研究范式或方法论的整合，如"定量"与"定性"的综合运用，"逻辑论证"与"实验法"的综合运用等。有资料收集方法的综合，如文献查阅、调查问卷、实地访谈、电话询问等的综合运用。有两种方法和多种方法的整合，如"两步法"，第一步选择文献考古资料作历史研究，第二步采用人类学田野考察作实地研究；也有"主次法"的研究，即研究中以一种方法为主，以另一种方法为辅，如定性法为主，定量法为辅；实验法为主，调查法为辅等。多种方法的综合即综合了各种研究方法对某个研究主题的研究。例如，对于某个设计学院的包豪斯式现代主义设计教育的研究，在收集资料方面不仅包括教学方案、教学计划和课程表，也包括各类试卷、成绩单、评分标准、实验室数据等。在这类文本文献的收集之外还需有访谈、问卷调查、座谈会和设计展览等相关的资料证据的收集。在方法论上，还应包括历史性研究，对于包豪斯现代主义教育思想在中国设计教育中的影响的相关文献档案的收集分析，该设计学院的历史调查，尤其是现代主义设计教育方面的资料分析。在定量方法的运用上，需要列出相关的表格、比例图等一系列数据来论证主题。这是一个容易入门，又能充分练习方法综合的案例。该项目属

个案研究，是一个需要深化的论题，所得结论不能简单地以"好"和"坏"来论断，而应结合案例的历史背景、时代局限、学科发展以及面临的问题等多方面因素来考虑，对这些因素的分析也需要运用综合研究的方法。总之，方法的综合运用能发挥各种方法的优点，使设计研究的方法体系更显完整。

2

感知实验概述

2.1 感知与认知

2.1.1 什么是感知

感知是人的意识对内外界信息的觉察、感觉、注意、知觉的一系列过程，分为感觉和知觉两大部分，是人作为主体认识世界和观察社会最基本的方法。

感觉与知觉两者之间既有联系又有区别。感觉是人脑对现实事物的个别属性的反映，如看到颜色、听到声音等。人对客观事物的认识从感觉开始，感觉过程中被感觉的信息包括物体内部的生理状态、心理活动，也包含外部环境的存在以及存在关系信息。例如，当橘子作用于我们的感觉器官时，我们通过视觉可以知道它的颜色；通过味觉可以知道它的味道；通过嗅觉可以知道它的气味；通过触觉可以知道它表面的粗糙程度。感觉不仅可以接收信息，也易受到心理作用的影响。

知觉是人脑对客观事物和整体属性的反映，它是各种感觉整合的结果，知觉过程是对感觉信息进行有组织的处理，对事物存在形式进行理解和认识。例如，通过感觉所反馈的信息，我们可以知道橘子是橙色的、圆润的，吃起来酸酸甜甜。知觉具有选择性、理解性、整体性和恒常性等特性。

所有生命体都具备感知能力，感和知是生命体具备的基本本能。感知能力在不同物种不同个体间是不相同的，感和知都是在本能作用和存在环境里自然形成的。感和知的能力是判断生物存在状态的标准。

2.1.2 什么是认知

认知指人们获得知识、应用知识、信息加工的过程，是人的最基本的心理过程，包括感觉、知觉、记忆、思维、想象和语言等。人脑接受外界输入的信息，经过头脑的加工处理转换成人的内在心理活动，进而支配人的行为，这个过程就是认知过程。现代"认知心理学之父"奈瑟尔认为：认知是指感觉和使用的全部过程，认知通常被简单定义为对知识的获得，如果没有认知过程，一切科学创造活动都是不可能完成的。人获得知识或应用知识的过程开始于感觉与知觉，通过感觉与知觉所获得的知识经验保留在人脑之中，并在需要时能再现出来。例如，通过感觉与知觉我们能够知道橘子的特征，那么当我们再次遇到具有这些特征的物体时就能知道这是橘子。

人的认知能力与人的认识过程是密切相关的，可以说认知是人的认识过程的一种产物。一般说来，人们对客观事物的感知（感觉、知觉）、思维（想象、联想、思考）等都是认知活动。

人的认知形成过程多种多样，常见的认知过程包含记忆、思维、注意、言语、习得、知觉等。通过认知，人们能够学习吸收新的知识，形成记忆，在新旧认知之间进行决策。

2.1.3 感知与认知的区别与联系

感知是认知的基础，认知是将感知获取的信息综合运用的过程。感知是不涉及抽象思维和事物本质的认识；认知则包括感知，是基于感知获取的信息进行进一步的加工和思考的过程，是一个大范围。

感知和认知的区别在于其对人脑所产生的影响和作用力不同，或轻或重地决定我们的思想和意识。感知一般以直接的方式进入人的大脑，是暂时的、片面的、暴力的，可进一步解释为人的欲望、感官和情绪，这些感觉进入人的心里的瞬间会留下极为深刻的记忆。而认知指的是人对物体或现象进行思考而形成的浅度认识，是持久的、系统的、理性的。总体来说，感知是人对某项事物感受和理解的客观反映过程，认知则是对接收的信息加工后形成的结果与应用。

2.2 感知的分类及特征

2.2.1 视觉感知

视觉感知是人类感知世界的最重要通道，人类感受到的信息80%来源于视觉。视觉感知使大脑能够接收和分析可见光，从而产生可见的图像。世界包含大量的视觉信息，我们对大部分环境信息作出反应，是经过视觉传入大脑而形成的，因此视觉感知被视为最重要的一种感知，在人类的感觉系统中占主导地位。

视觉系统使生物体具有视觉感知能力。视觉主要有两个功能：一是目标知觉，即它是什么；二是空间知觉，即它在哪里。已有的证据表明，不同的大脑系统分别参与上述两种功能。视觉系统主要由角膜、晶状体、视网膜等部分组成（图2-1）。除视网膜外的其他部分共同组成一套光学系统，使来自外界的光线发生折射，在视网膜上形成倒立的影像。视网膜是处于眼睛背部的多层神经细胞，这些细胞中包含一定数量的光感受器。这些光感受器在受到特

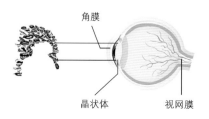

图2-1 视觉系统的生理结构

定波长光的刺激时，会通过神经网络向大脑发出电信号。大脑通过电信号的分析，最终感受到视网膜上的影像。脊椎动物的视网膜中有两种光感受器，其中视杆细胞负责低分辨率、单色、夜间的视觉；视锥细胞负责高分辨率、彩色、白天的视觉。

眼是视觉的外周器官，是人体所有感官中最复杂的，大部分来自外界的信息是通过眼接收的，通过眼睛我们可以探测物体的明暗、颜色、形状和空间关系。光携带着外部世界的结构信息，经过一系列折光系统，如晶状体、玻璃体等，投射在眼球底部的视网膜上。视网膜上的光感受器细胞，将光信号转换为电信号，传递给视网膜的其他细胞，如双极细胞、水平细胞、无长突细胞等，进行初步的信息整合加工，最终将整合好的信号传递给视网膜神经节细胞，由它将视觉信息通过视神经传递进入大脑皮层视区，分析出物象的空间、色彩、形状及动态，产生视觉图像。通过这些视觉图像，我们可以辨认外物并对外物作出及时和适当的反应。一般认为，人的视觉器官主要有立体视觉、屈光度、瞳孔调节、分辨力、明暗适应、周围视觉和中央视觉、视觉暂留、视场8种不同的视觉参数。

视觉感知涉及几个不同的过程，有些是生理性的，即眼睛对光的转换处理；有些是心理性的，即大脑理解所看到的图像。格式塔理论解释了大脑如何处理视觉输入，以及大脑使图像平滑和归一化以使其有意义的方式。

2.2.2 听觉感知

听觉感知是人类感知的第二大通道，人通常通过耳朵感知和理解声音。听觉系统的生理结构如图2-2所示，人耳的结构包括外耳、中耳和内耳。外耳包括耳郭和外耳道，主要起集声作用。中耳指鼓膜内侧的鼓室和鼓膜上方的隐窝，包括锤骨、砧骨、镫骨等结构，主要起传声作用。内耳包括耳蜗、前庭和半规管，主要起感声作用。

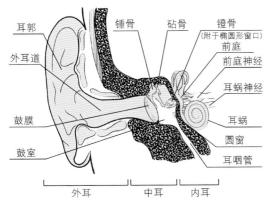

图2-2　听觉系统的生理结构

人耳感受声音的过程较为复杂。总体来说，声音在空气或其他物质中是以振动形式传播的，听觉器官检测到这种振动，经耳郭收集后，传递至外耳、中耳、内耳。传递期间感受细胞开始兴奋，引起听觉神经冲动，将信息传入大脑，经各级听觉中枢分析后产生可被理解的有用声音信息。一般认为，人的听觉器官包含频率范围、音色、声音强度以及定位4种听觉参数。

听觉系统庞大而复杂，从耳蜗到听觉皮质的听觉系统是所有感觉系统通路中最复杂的一种。听觉系统的每个水平上发生的信息过程和每一水平的活动都影响较高水平和较低水平的活动。在听觉通路中，从脑的一边到另一边有广泛的交叉。

2.2.3 触觉感知

触觉感知是人通过触碰获得环境信息的方式，一般是指浅层皮肤的感受，给人提供的信息包括疼痛、振动、压力，以及物体表面的形状、纹理、光滑度、温度等。例如，当皮肤表面与物体接触时会产生接触感；当皮肤表面受到挤压时会产生压力感；当皮肤表面受到周期性刺激时会产生振动感。

人体皮肤表面有20多种不同的感受器，这些感受器包括冷热感受器、疼痛感受器、压力感受器、接触感受器等。当这些感受器受到刺激后就会给大脑发送信息，大脑最终将这些信号解释为各种感觉，形成能让人理解的环境表示。图2-3显示了人体皮肤表面感受器的分布。

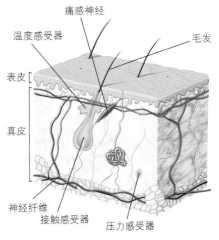

图2-3　人体皮肤表面感受器的分布

皮肤是直接与外界环境接触，并具有保护身体内部免受损伤、调节体温等功能的器官，还是机械性感受器和温度感受器的所在地。感受器记录感知，并通过神经将数据送到大脑，然后大脑收集所有来自触觉的数据，联系到以前学习的类似物体的知识，由此对触碰物体形成一个概念。机械性感受器也存在于能对环境做出反应的身体部位，如肌肉和关节。例如，用手指触压面包以此判断面包是否烘焙熟时，手指肌肉和关节的位置会随面包形变而变化。

与视觉、听觉等相比，触觉是唯一的一种能传递双向信息和能量的感知通道，因此，力触觉反馈是人机交互中用户获取良好体验所不可或缺的关键技术。随着触觉感知机制研究的日益深入和力触觉再现技术的快速发展和广泛应用，力触觉再现的真实感直接影响用户操作的精准性，进而影响人机交互系统的可操作性和友好性[①]。

2.2.4　嗅觉感知

嗅觉是一种由感官感受的知觉，能够让人体感觉到各种不同的气味。嗅觉由嗅神经系统和鼻三叉神经系统两个感觉系统参与。嗅觉器官由左右两个鼻腔组成，这两个鼻腔借鼻孔与外界相通，中间有鼻中隔，鼻中隔表面的黏膜与覆盖在整个鼻腔内壁的黏膜相连。

嗅觉是外激素通信实现的前提。嗅觉感受器位于鼻腔上方的鼻黏膜上，包含支持细胞和嗅细胞。在嗅上皮中，嗅觉细胞的轴突形成嗅神经。嗅束膨大呈球状，位于每侧脑半球额叶的下面；嗅神经进入嗅球。嗅球和端脑是嗅觉中枢。外界气味分子接触到嗅觉感受器，引发一系列酶级联反应，实现传导（图2-4）。

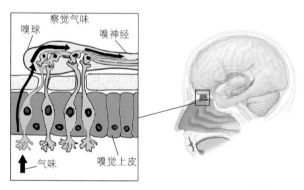

图2-4　嗅觉感知原理图

对嗅觉感知最为重要的，是细长的、纺锤状的嗅觉感受神经元，其树突呈纤毛状。这种树突直接暴露在空气里，插入覆盖在嗅上皮表面的嗅黏膜之中，其轴突会穿过一块疏松多孔的骨头。因此，我们的嗅觉感受神经元的一端直接暴露在空气中，另一端却直接入脑。暴露在空气中，意味着会接触到各种有害的物质，比如新型冠状病毒、烟尘等，容易使人受到伤害。嗅觉感受神经元是可以再生的，这也是为什么有些人患病毒性感冒后嗅觉不灵

敏，但经过一段时间，嗅觉感受神经元再生之后，嗅觉便会恢复。

2.2.5　味觉感知

味觉是人类最为重要的生理感觉之一，人类的味觉系统能够感受和区分多种味道，而众多的味道是由酸、甜、苦、咸这四种基本的味道组合而成。味觉感受器是味蕾，或称味器，主要分布于舌背部表面和边缘的菌状乳头和轮廓乳头中，少数散布于软腭、会厌及咽等部上皮内。人舌不同部位的味蕾对不同味道的物质的感受性不同（图2-5）：舌尖对甜味比较敏感，舌两侧的前部对咸味比较敏感，舌两侧对酸味比较敏感，舌根部和软腭对苦味比较敏感。每一个味蕾都由味细胞、支持细胞和基底细胞组成。味细胞的更新频率很高，平均每10天更新一次。

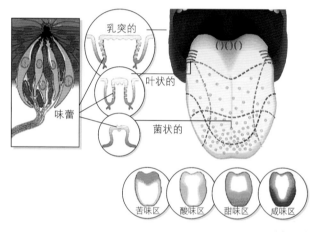

图2-5　味觉感知分布

味觉和嗅觉的原理极其相似，是通过味蕾得到味觉信息，味觉受体细胞检测到酸、甜、苦、咸等味道后产生一系列电脉冲，这些电脉冲经神经网络传到大脑，再经过大脑判断和识别而产生不同的味感。

2.3　五感实验应用概述

2.3.1　眼动实验

眼动实验是一种通过测量眼球运动来了解人们对事实信息获取和加工情况的实验，眼球运动主要分为注视、眼跳和追随运动三种方式。注视指眼睛的中央窝对准某个观察目标的时间持续100ms以上，被注视的物体在此期间在中央窝上成像，在获得充分的加工后形成清晰的像。注视过程中眼球往往伴随着自发性的高频微颤、慢速漂移和微

---

① 邵知宇.基于感知机制的力触觉再现真实感客观评估方法研究[D].南京：东南大学，2021.

跳，这三种细微的眼动是视觉信息加工所必需的信息提取机制。眼跳指眼睛注视点或注视方位的突然改变，这种改变往往是个体意识不到的。眼跳过程中可以获取刺激的时空信息，但几乎不能形成清晰的像，因此眼跳一般用于快速搜索视野以及选择刺激信息[1]。追随运动指由于运动目标的速度信息输入中枢神经系统，眼睛为了追随这个目标而引起的一种连续反馈的伺服运动，这个过程中常常伴随较明显的眼跳和微跳[2]。

人们对于眼动的研究最早可追溯到古希腊时期，至中世纪开始使用仪器对眼动进行观察与实验，直至19世纪末第一台眼动追踪设备开发后，才真正意义上有了眼动追踪的概念。眼动测量方法经历了早期的直接观察法、机械记录法，后发展为瞳孔-角膜反射向量法、虹膜-巩膜边缘法、角膜反射法、接触镜法、眼电图法、双普金野象法等方法，最终发展为集光学技术、摄影技术、计算机硬件软件技术为一体的眼动追踪系统[3]。眼动追踪测量方法和原理如表2-1所示。

表2-1　眼动追踪测量方法和原理

测量方法	方法原理
直接观察法	通过镜子等工具直接观察被试者眼睛的眼动轨迹
机械记录法	将眼睛与记录测验装置用机械传动方式连接起来实现眼动记录
瞳孔-角膜反射向量法	通过摄像机采集近红外光在瞳孔和角膜处引起的反射图像，使用计算机处理并计算瞳孔中心位置坐标
虹膜-巩膜边缘法	通过红外光敏管接收眼球运动时虹膜和巩膜边缘处反射的光信号
角膜反射法	记录眼球运动时角膜上不同方向的反射光
接触镜法	将反射镜固定于角膜或巩膜上，记录眼球运动时不同方向的反射光
眼电图法	通过皮肤表面电极记录眼球转动时眼球周围的电势的变化

眼动追踪技术最初主要应用于心理学领域，通过记录被试者在阅读文字、图形时的眼动轨迹，探析眼动轨迹与视觉信息加工之间的关联，存在实验误差大、实验操作困难等问题。随着摄像、计算机技术的发展与引入，眼动追踪技术逐步成熟，其应用范围愈加宽广。将中国知网2016—2022年眼动追踪相关文献导入CiteSpace软件中分析可以发现（图2-6），目前眼动研究的热点主要在人机交互、阅读研究、人因工程三个方面。

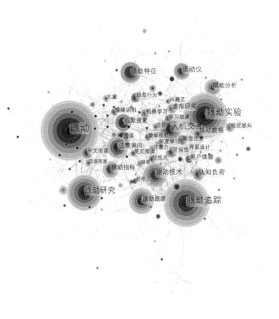

图2-6　2016—2022年眼动文献关键词贡献图谱

2.3.1.1　人机交互

人机交互主要聚焦于人与计算机之间的交互行为关系。随着计算机技术的快速发展，人与计算机之间的交互方式由传统的鼠标、键盘输入，转为集眼动、手势、语音一体的多通道交互模式，眼动追踪技术成为人机交互研究领域中获取用户视觉信息的主要方式[4]。眼动追踪在人机交互中的应用主要分为用户眼动行为获取、人机交互界面评测、用户吸引力评价三个方面。用户眼动行为的获取能够帮助研究者更准确地判断用户选择，更清晰地了解用户需求，实现用户视线估计，进而优化用户体验。例如，Klaib等人构建的智能家居结合眼动追踪设备、智能语音系统以及云计算技术，实现仅通过语音或利用眼动控制屏幕即可完成各项指令，大大降低了老人、残疾人等具有特殊需求的人群的使用难度[5]。

眼动追踪结果可作为人机交互界面的设计参考，眼动指标可用于对人机交互页面的设计效果评测，也可用于分析用户行为习惯进而优化人机交互页面。例如，孙博文等人通过眼动实验评测车载信息界面中不同色彩对用户交互体验产生的影响，并设计出一套符合用户驾驶行为的车载

① 邓铸.眼动心理学的理论、技术及应用研究[J].南京师大学报(社会科学版)，2005 (1)：90-95.
② 刘伟，袁修干.人的视觉-眼动系统的研究[J].人类工效学，2000(4)：41-44.
③ 石建军，许键.眼动跟踪技术研究进展[J].光学仪器，2019，41(3)：87-94.
④ 刘昕.基于眼动的智能人机交互技术与应用研究[D].南京：南京大学，2019.
⑤ 苟超，卓莹，王康，等.眼动跟踪研究进展与展望[J].自动化学报，2022，48(5)：1173-1192.

信息界面方案①。

眼动追踪结果也可作为广告设计和企业营销的参考，通过眼动指标分析如何最大限度地吸引用户注意力。贾佳、杨强等人通过眼动实验评测拟人化对横幅广告记忆效果的影响边界，结果表明在低知觉负荷和高视觉显著性的组合下，拟人化广告的记忆效果最优②。

2.3.1.2 阅读研究

眼动是视觉信息加工研究中最有效的方法，通过眼动追踪，可以对被试者的阅读行为进行全方位的认知心理的分析，更加科学地解释被试者在阅读过程中的认知变化过程以及心理变化形式③。早期的眼动阅读研究集中于阅读行为中的基本现象、阅读行为与认知加工之间的关系，近几年的研究重点则在于阅读障碍人群研究、阅读行为影响因素两个方面。阅读障碍是儿童最常见的神经行为疾病之一，根据统计，5%~8%适龄儿童患有阅读障碍。为帮助阅读障碍人群更好地完成阅读，相关学者对阅读障碍人群阅读时的眼动行为进行分析，梳理其眼动特征，并为提高其阅读能力提供方案。

由于个体之间存在性别、年龄、理解能力等因素的差异，因此人的阅读行为与方式各不相同。目前普遍观念认为女性与男性的阅读行为存在一定差异，阿布迪、巴曼等人对不同性别被试者的阅读眼动行为进行探究，发现女性更偏向于探索性凝视行为，同时由于女性的注视时间与眼跳时间之比比男性的短，推测出女性阅读图像的速度比男性快④。

2.3.1.3 人因工程

人因工程指以人为核心因素，运用心理学、生理学、解剖学等人体科学知识于工程技术设计和作业管理中，特别是安全设计和安全管理方面。眼动追踪技术在人因工程中应用广泛，能够直观地展现被试者兴趣点与注意力分布情况，从而进行安全设计。例如，朱伟通过眼动实验对车载导航仪软件界面的可用性进行评估，从而改进、提升界面可用性。部分学者尝试探索眼动实验建立方法，进一步

推动眼动追踪技术在人因工程上的应用⑤。例如，张昀、牟轩沁两位学者讨论了基于开放语言平台的Matlab眼动实验建立方法⑥。

2.3.2 脑电实验

脑电实验是一种通过电极记录人在接收刺激材料时，头皮表面因大脑活动而产生的电位变化的实验。大脑中含有数十亿的神经元细胞，这些神经元细胞通过突触相连并传递神经信息，每时每刻都有大量神经元突触动作，大量神经元突触同时动作后所产生的5~100μV的电位差累加形成可被测量到的持续性电信号，即脑电信号（EEG）。脑电信号幅度为10~100μV，频带为0.5~100Hz，研究频带主要在0.5~400Hz。脑电信号易受其他信号影响，如肌电信号、心电信号、电磁场信号等。由于生成脑电信号的生理因素始终处于变化状态，随大脑的状态变化迅速，因此对外界的影响较为敏感。

脑电信号一般可分为自发脑电信号和诱发脑电信号两种。自发脑电信号是指无任何外界因素的影响下，由大脑神经元自发动作而产生的脑电信号；诱发脑电信号则是指在视觉、听觉等外界因素影响下，大脑神经元动作产生的脑电信号，由于刺激不同，产生电信号的大脑皮层区域也不同。脑电信号按照节律主要分为α、β、θ、δ四种波形（表2-2、图2-7），每种波形对应不同的频率，包含的人类生理信息也有所不同，主要特征及大脑产生位置存在差异⑦。

表2-2　四种脑电波形

频段	频率/Hz	振幅/μV	位于大脑位置	对应动态行为	信号特征
α波	8~13	30~50	枕叶及顶叶后部	安静、闭眼	振幅渐变
β波	14~30	5~20	额叶	精神紧张、情绪激动	大脑兴奋
θ波	4~7	<30	顶叶和颞叶	患有精神病和处于疲乏、失落等状态	儿童θ波占比较大
δ波	0.5~3	100~200	额叶和颞叶	少氧、睡觉、麻醉等	清醒状态下无

① 孙博文.面向复杂交互情景下的车载信息系统界面层级设计研究[D].北京：北京理工大学，2018.

② 贾佳，杨强，蒋玉石.产品页面中推送产品缩略图位置对消费者注意和记忆的影响研究[J].工业工程，2019，22(4)：40-48.

③ 许洁，王豪龙.阅读行为眼动跟踪研究综述[J].出版科学，2020，28(2)：52-66.

④ 同上.

⑤ 朱伟.车载导航仪软件界面人因工程设计与评价[D].哈尔滨：哈尔滨工程大学，2012.

⑥ 张昀，牟轩沁.视线跟踪技术及基于Matlab的眼动人因实验开发和建模方法[J].工业工程与管理，2014，19(2)：89-95.

⑦ 张井想.便携式脑电仪的设计及应用研究[D].徐州：江苏师范大学，2018.

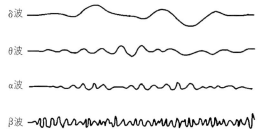

图2-7　四种脑电信号波形

1786年意大利博洛尼亚大学解剖学教授伽尔瓦尼创立了生物电学说，脑电研究由此开始。1924年，德国耶拿大学精神科教授汉斯·贝格尔通过将两根白金针状电极插入头部外伤患者缺损部的大脑皮层，首次记录到人类的脑电活动，随后脑电研究快速发展，引起了脑电研究的浪潮。脑电作为一种无创的检测手段，最初应用于神经生理学、心理学、认知神经科学、临床医学等领域，在疾病的诊断与研究中起到了重要的作用。随着脑电技术的发展，脑电技术应用领域逐渐拓宽。将中国知网中2016—2022年的脑电相关文献导入CiteSpace软件中分析可以发现（图2-8），目前脑电研究的热点主要在脑机接口、临床医学（癫痫、脑卒中等）、情绪识别三个方面。

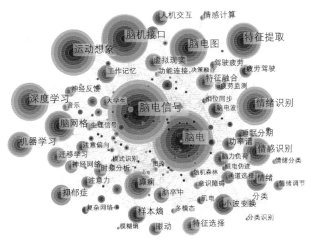

图2-8　2016—2022年脑电文献关键词贡献图谱

2.3.2.1　脑机接口

脑机接口是一种不依赖人体的外周神经系统及肌肉组织，通过脑电信号实现人脑与计算机或其他电子设备的通信并对其进行控制的系统。脑机接口可以使人不需要语言

或肢体动作，直接通过控制大脑电信号来实现电子设备的操作，为不能与外界沟通的特殊患者提供一种新的通信交流方式。例如，已故的著名物理学家霍金在患脊髓侧索硬化症后借助脑机接口技术，使霍金与计算机等其他电子设备之间建立起直接的交流和控制通道。霍金只需用脑来表达自己的科研想法，再通过特殊显示仪器形成文字或语音进行表达，有效提高了霍金与外部世界沟通交流的能力。脑机接口技术也可以用于军事领域，协助操控各类无人设备，提高作战人员的认知能力。例如，美国亚利桑那州立大学公布了一个关于脑机接口技术实验的视频，展示操作员利用脑机接口技术同时操作3架无人机。

2.3.2.2　临床医学

脑电在临床医学中占据着重要的位置，目前临床医学领域已经将脑电检查作为评估大脑功能的一种常规检查方法，脑电信号可以帮助诊断脑部疾病、定位诊断脑部病灶、了解脑部疾病的演变过程和功能状态、判断疾病的疗效等。目前，脑电技术已经应用于儿童病患（自闭、多动、抑郁、狂躁）的治疗、中老年人预防阿尔兹海默症等领域。例如，张树对孤独症儿童的脑电数据进行分析，寻找有效的脑电生理标志物，为孤独症的病理学研究提供有效的依据[①]。

2.3.2.3　情绪识别

情绪是一种伴随着认知和意识过程产生的对外界事物态度的体验[②]，能够反映人的某种心理或生理状态。脑电信号来源于与情绪高度相关的中枢神经系统，具有时域、频域、时频域、空间域等特征，能够快速有效地对情绪进行识别。李贤哲针对多情绪分类问题及个体差异的影响因素，设计情绪诱发实验，利用算法对所有被试者不同情绪的脑电信号进行分析，总结出γ频带特征和一阶差分绝对值的均值能够快速准确地识别不同被试者的情绪状态[③]。

2.3.3　心电实验

心电实验是一种测量人在接收刺激材料或进行肢体动作时，心肌细胞所产生的动作电位的实验。心脏是人体推动血液流动循环的重要器官，心脏的起搏会引起心脏部位细胞的兴奋，带来明显的动作电位变化，通过生物电极采集系统可以将其记录为具有明显特征的心电信号（ECG）。

① 张树.基于脑电的孤独症神经机制及辅助诊断研究[D].成都：电子科技大学，2022.
② 蒋静芳，曾颖，林志敏，等.基于脑电信号的情绪评估研究综述[J].信息工程大学学报，2016，17(6)：686-693.
③ 李贤哲.基于脑电信号的情绪识别[D].马鞍山：安徽工业大学，2021.

典型的心电信号特征包括P波、T波和QRS复波，如图2-9所示。Q、R、S波各自具有自身的频率，由于它们在时序上的紧密关系，QRS通常以一组复波的形式进行研究。医学上一般将静息期后出现的第一个正向波定义为P波，随后出现的第一个向下波为Q波，紧随Q波之后出现的尖快直立波为R波，R波之后向下的波为S波，S波之后的正向波为T波[①]。典型的心电信号波段参数如表2-3所示。

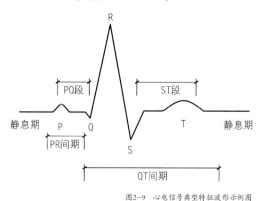

图2-9 心电信号典型特征波形示例图

表2-3 典型的心电信号波段参数

名称	时间/s	幅值/mV	含义
P波	0.06～0.11	0.05～0.25	心房去极化
QRS复波	0.06～0.10	1.5～2.0	心室去极化的电位变化
T波	0.05～0.25	0.1～1.5	心室肌复极化的电位变化
RR间期	100～200	—	当前心拍R波峰到下一个心拍R波峰的间隔
PR段	0.06～0.14	与基线同一水平面	位于P波后方至QRS复合波前方
PR间期	0.12～0.20	N/A	窦房结产生的兴奋由心房、房室交界、心室束到达心室并引起心室肌兴奋所需要的时间
ST段	0.05～0.15	水平线	心室肌的缓慢恢复过程
QT间期	<0.4	N/A	心室从极化到复极化的过程

对心电信号的研究最早可追溯到1887年，英国生理学家奥古斯塔斯·沃勒以自己为实验对象，使用毛细管静电计第一次成功地从人体体表描记到了心电图，但心电图记录并不完整。1895年荷兰生物学家威廉·艾因特霍芬在沃勒博士研究的基础上，结合数学矫正算法成功获得了清晰的心电图，将心电的各个波形特征标记为P、Q、R、S、T波。随着科技的进步，现在可以通过便携式心电仪、智能手环、智能无线心电仪等现代电子设备进行心电实验。心电技术主要应用于医学领域，用于监测患者心率等指标，为心脏病患者或存在潜在心脏病隐患的病人提供诊断依据。在心电技术的深入发展下，如今心电技术还能用于检测驾驶行为、情绪认知。将中国知网中2016—2022年的心电相关文献导入CiteSpace软件中分析可以发现（图2-10），目前心电研究的热点主要在临床医学、人工智能两个方面。

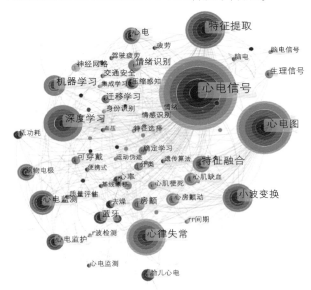

图2-10 2016—2022年心电文献关键词贡献图谱

2.3.3.1 临床医学

心电图可反映心脏电激动过程，能够为临床疾病诊治提供诊断线索，如测量心率、检查心跳节律、诊断心脏异常、情感识别和生物特征识别等。目前，心电技术已经应用于冠心病、高血压、急性心肌梗死等疾病之中。例如，王巧玲、徐金义等人通过心电图检查患者心房颤动情况，分析心房颤动在不同年龄段的发病率以及心电图特点[②]。

2.3.3.2 人工智能

基于计算机的算法优化过程和决策的能力，人工智能能应用于心电图自动筛查、诊断及预测心血管疾病等方面，有效提高心律失常检出率，实现心血管疾病的早诊早治。黎明、张宇霞等人对人工智能心电分析软件所诊断的患者资料进行分析评估，结果表明基于人工智能的心电算法对心律失常的检测结果与临床心电图检测结果高度一致，具有良好的应用前景[③]。

---

① 宋静怡.用于心电检测与脑机接口的运动伪迹校正技术研究[D].长春:吉林大学,2017.
② 王巧玲,徐金义,胡蕾娣,等.常规心电图在心房颤动筛查中的应用[J].临床心电学杂志,2021,30（6）:425-428.
③ 黎明,张宇霞,蔡卫卫,等.人工智能心电算法对临床心律失常检测的有效性评估[J].实用心电学杂志,2020,29(3):153-156.

2.3.4 肌电实验

肌电实验是记录人体在受到刺激时，肌肉组织收缩产生肌电信号的实验。当人体中枢神经细胞受到刺激时会产生兴奋，兴奋经神经末梢传递，最终引起肌细胞膜产生动作电位，通过生理信号采集设备可采集为肌电信号（EMG）[①]。肌电信号是一种一维时间序列非平稳、非线性的生物电信号，通常幅值在10mV以内，幅值一般与肌肉激活程度成正比，0~500Hz为肌电信号的有用信号频率所在范围，而该信号大量的能量主要聚集在20~150Hz频率范围[②]。因此，肌电信号比较微弱，且易被其他外界信号干扰。

肌电信号分为表面肌电信号与深层肌电信号，肌电信号的采集方式也随之主要分为两类：侵入式肌电信号采集和表面肌电信号采集。侵入式肌电信号采集一般是将针式电极插入肌肉，对肌肉运动单元的电位信息进行采集。该方式能够更有效地采集到肌肉内部电位变化信息，但是因其有损伤，会对采集部分造成伤害，因此在研究中应用较少。另一种表面肌电信号采集是通过电极片采集表面肌电，此种方式因其无损、简单易操作，已应用于多个领域。

1851年杜波依斯·雷蒙德证实了人体在日常生活中肌肉的活动可以产生电信号，至1922年，加塞与厄兰格通过应用布劳恩示波器放大所检测电流的方法观测到肌电图，在肌电信号的研究上取得了进一步的突破[③]。目前肌电信号的采集主要使用银/氯化银电极凝胶贴片，并通过专业的解析软件进行信号处理。肌电信号包含了肌肉收缩模式和收缩强度等信息，可以反映肌肉状态等，因此肌电技术常应用于临床医学以及体育科研领域。将中国知网中2016—2022年的肌电相关文献导入CiteSpace软件中分析可以发现（图2-11），目前肌电研究的热点主要在临床与康复医学、体育科学两个方面。

2.3.4.1 临床与康复医学

肌电信号能够反映患者神经肌肉的功能状态，为疾病诊断方案提供依据，例如，根据中风患者的肌电信号可以分析该患者运动功能障碍的产生原因，并由此制定调整治疗方案。在康复医学方面，通过肌电信号可以对患者进行康复评估，根据检测结果制订康复训练计划。肌电信号

还可以用于康复医学中的假肢控制，利用肌电信号获取患者肌肉的变化数据，帮助患者更好地控制假肢。目前肌电信号检测已经广泛应用于内科、神经科、妇产科等临床科室，在临床诊断以及康复方面有着重要的用途。

2.3.4.2 体育科学

肌电信号可以有效反馈运动员运动过程中的肌肉状态，如肌肉疲劳程度、肌肉工作的时序性与协调性、肌肉激活程度等[④]，为提高运动员效率提供有效方案。例如，王金波运用表面肌电测试系统分析优秀冰壶运动员扫冰过程中肌电变化特征，总结出着重训练支撑手这三块肌肉的爆发力、发力手肱二头肌及三角区域的肌肉耐力以及根据比赛局面决定是否佩戴防滑鞋套这三条训练建议[⑤]。肌电信号也能够帮助进行运动员动作技术诊断，即利用科学仪器，记录运动员执行某项动作时的技术动作特征、肌肉活化与协调控制情形，探讨影响这项运动技术的科学原理，整合运动员生理基础与分析专项能力特征，以协助教练与运动员综合评估其动作效率、姿势控制，并能实时反馈。

2.3.5 皮电实验

皮电实验是测量人体在受到刺激时皮肤电传导信号变化的实验。人体的皮肤电阻、电导会随皮肤汗腺机能变化而改变，当机体受外界刺激或情绪状态发生改变时，其植物神经系统的活动就会引起皮肤内血管的舒张和收缩以及

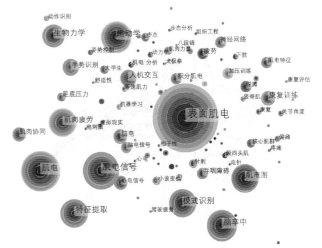

图2-11 2016—2022年肌电文献关键词贡献图谱

① 张宇航.桑巴前进走步的表面肌电特征分析[D].哈尔滨：哈尔滨体育学院，2022.
② 张进.基于心电和肌电信号的面孔吸引力识别研究[D].重庆：西南大学，2021.
③ 刘绍辉.人体表面肌电信号分析及其在康复医学中的应用[D].长春：长春大学，2017.
④ 同①.
⑤ 王金波.优秀冰壶运动员扫冰过程中肌电变化特征研究[D].长春：吉林体育学院，2021.

汗腺分泌等变化，导致皮肤电阻发生改变，从而使皮电信号（EDA）变化[1]。皮电信号有六个特点，如表2-4所示。

表2-4　皮电信号的特点

特点	含义
周期性	随人体的机警程度而改变，一天之中，当人体处于不同的状态时，电导水平也会出现早、中、晚的不同
应激性	给予试者刺激时，皮肤电导水平和皮肤电导反应都有改变
反应性	各种形式的刺激都会引起皮肤电导反应，即使刺激不是很强
适应性	连续刺激会降低反应的产生，最后会出现不能引起皮肤电导反应的情况，但是间隔几天后重新实验皮肤电导反应会重新出现
条件性	皮肤电导反应很容易形成条件反射
情绪性	无论人处于激动、紧张或平静的状态，皮肤电导水平和电导反应都可以作为测量情绪的良好指标

皮电会受到温度、湿度等环境因素，以及人的性别、年龄等个人因素的影响，在排除环境与个人因素的影响下，人的情绪状态与生理心理活动往往能够引起皮电的变化[2]。因此，皮电一般作为评价人的意向活动、情绪反应、情绪唤醒等的生理测量指标。将中国知网中2016—2022年的皮电相关文献导入CiteSpace软件中分析可以发现（图2-12），目前皮电研究的热点主要在用户体验、驾驶行为两个方面。

2.3.5.1　用户体验

随着人机交互技术的发展，以"用户行为"为中心的体验反馈优化产品设计的方法成为目前的热门研究领域[3]。皮电实验是一种客观的生理测量方法，可以测量用户在体验产品时的心理状态，为研究提供科学的数据支撑。张乐凯以皮电作为用户情感体验的客观评价指标，分析用户对两款茶产品的情感体验，表明产品的情感体验呈现动态变化，且皮电与主观评估之间存在显著相关性[4]。

2.3.5.2　驾驶行为

汽车作为我们日常生活中的交通工具，有着重要的意义。随着汽车数量的增加，交通安全问题也随之而来。从本质上来说，驾驶人的操作行为决定了汽车的运行，因此，车辆驾驶的安全性由驾驶人的驾驶水平与驾驶状态决定[5]。皮电信号能够帮助驾驶人监测驾驶过程中的情绪反应、认知负荷等，并由此提出优化方案，提高车辆驾驶的安全性。李明远基于当前社会老龄化现象，对老年驾驶人驾驶行为进行分析，提出老年驾驶人驾驶行为优化培训模型，为老年驾驶人安全教育、改善其驾驶行为提供相关的理论支撑[6]。

图2-12　2016—2022年皮电文献关键词贡献图谱

① 曾志康.用于精神疲劳监测的多模态表皮电子传感器研究[D].武汉：华中科技大学，2020.
② 泮海涛.照度与纵坡耦合作用下V形海底隧道驾驶人心电及皮电信号变化规律研究[D].青岛：青岛理工大学，2021.
③ 石丹丹.基于皮电实验对用户交互行为的分析研究[D].杭州：浙江大学，2017.
④ 张乐凯.基于生理信号数据的产品设计与用户体验研究[D].杭州：浙江大学，2018.
⑤ 李哲.制动过程中的驾驶人生理变化研究[D].长春：吉林大学，2016.
⑥ 李明远.老年驾驶人驾驶行为分析与优化研究[D].昆明：昆明理工大学，2020.

眼动实验操作

3.1 眼动实验目的

眼动实验主要是通过记录人眼的注视时间、位置、轨迹等指标，从而了解人们对信息的获取和加工过程，以及不同群体的行为偏好。当前眼动实验的目的主要分为两种，一种是对人们信息接收与加工的过程进行分析，从而获得人们的兴趣点与注意力分布情况。例如，视觉传达设计中的眼动研究，通过眼动实验数据可以揭示人们在观看图片或海报时的视觉行为习惯与关注点，从而帮助设计师更好进行设计。另一种是针对某个产品、设计方案等进行实验评价，根据实验结果对产品或方案进行优化。在人机交互领域，眼动实验常常用于评价人机交互界面的设计效果，根据实验结果进行界面设计的优化。

3.2 眼动实验仪器

3.2.1 眼动仪原理

大多数眼动设备采用的是瞳孔-角膜反射技术。该技术的原理是当近红外光被导向瞳孔时，在瞳孔和角膜处出现可检测的反射图像，使用摄像机采集这些图像以识别光源在角膜和瞳孔上的反射。通过角膜与瞳孔反射之间的角度计算出眼动向量，将此向量的方向与其他反射的几何特征结合计算出视线的方向（图3-1）。例如，Tobii眼动仪使用近红外光源使用户眼睛的角膜和瞳孔产生反射图像，然后使用两个图像传感器采集角膜与瞳孔上的反射图像。通过图像处理算法和一个三维眼球模型精确地计算出眼睛在空间中的位置和视线位置。

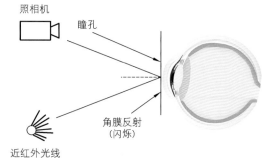

图3-1 眼动仪原理图

3.2.2 眼动仪属性

3.2.2.1 采样率

采样率指眼动仪每秒采集眼球图像的次数，单位为赫兹（Hz）。眼动仪的采样频率越高，获得的眼动行为的信息就越丰富。高采样率往往意味着眼动仪性能更高，使用成本更高的眼动传感器和更多的红外光源，价格也较为昂贵。因此，在选择眼动仪进行实验之前，首先要确定自身研究的具体需求。

使用不同采样率的眼动数据来描述眼动行为，会得到不同的结果。对于注视行为来说，最低50Hz的眼动仪就可以检测到注视行为，但采样率为50Hz的眼动仪与高采样率的眼动仪相比采样点相对较少，在两个采样点之间会忽略大量的眼动细节特征。例如，在阅读行为中，眼跳约持续30～40ms，这意味着如果使用一个采样率为50Hz的眼动仪，眼跳只能被记录一两次，可能无法完成有效记录。总体来说，眼跳的范围越小，持续时间就越短，则越需要更高采样率的眼动仪，高采样率的眼动仪会记录眼动过程中的细微变化。根据不同类型眼动行为的检测需求绘制图3-2，可由此图确定实验所需眼动仪采样率。

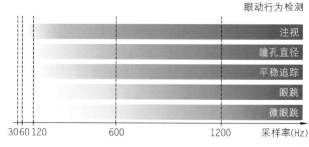

图3-2 眼动行为所需采样率参数

3.2.2.2 准确性

眼动仪准确性一般指被试者实际注视位置与所测量位置之间的差距。眼动仪所记录的注视位置与实际注视位置不一定是一致的，可能会存在一定的位置偏差，在兴趣区较小的实验中，小小的偏差将影响实验结果的有效性。

检查眼动仪的准确性有多种方法，最常见的方式是参考制造商所提供的技术规格信息，但由于大部分制造商提供的准确值是在理想条件下计算得出的，因而在进行实验时须对每名被试者进行评估从而判断其准确性。在部分眼动系统中，可以在仪器的首次校准中检测出被试者注视位置的准确性，系统校准完成后，系统会报告误差值，而且大部分系统会报告校准是否良好或是否需要重新校准。平均注视误差范围一般应在0.5°～1.0°。不过由于不能保证眼动仪在整个实验过程中都能保持良好的准确性，因此须时刻关注实验进程，在合适的位置进行重新校准。

尽管以上方法能够用来保持眼动仪的准确性，但仍有一部分数据会因实验环境干扰、实验设置有误、实验被试者特殊等，导致准确性较低。根据研究报告显示，眼动实验的数据丢失百分比差异很大，2%～60%不等。一般而言，成人被试者会有3%～10%的数据丢失，儿童则相对更多。

3.2.2.3 精确性

眼动仪的精确性是指在被试者注视一个点时被记录下来的不同数据样本之间的空间变化。精确性一般通过数据中对样本间距离的平均均方根进行计算，目前眼动仪的平均均方根的范围为1°～0.01°。

精确性会受许多因素的影响，其中最主要的因素之一是摄像头焦距。在系统中，调节摄像头焦距可以在某些情况下提高精确性。少部分眼动仪制造商不会报告仪器的精确性，但是精确性是选择系统时需要检查的一项重要特征。

准确性和精确性经常被放在一起讨论（图3-3）。

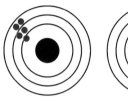

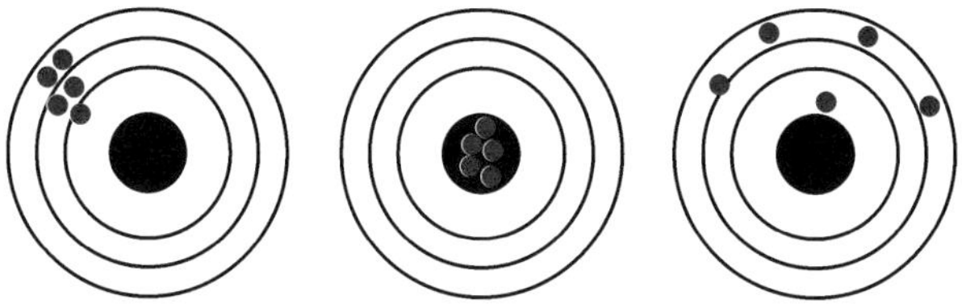

高精确度低准确度　　高精确度高准确度　　低精确度低准确度

图3-3　精确度与准确度示意图

3.2.3　眼动仪类型

目前有多种不同眼动仪可供研究者使用，甚至还有专为游戏辅助所用的眼动仪。根据眼动仪的使用方式及性能可将眼动仪划分为高精度、头部固定眼动仪和遥测、头部自由移动眼动仪以及头戴式眼动仪，如表3-1所示。高精度、头部固定眼动仪只能用于室内实验室，其灵活性较差，但精确度较高，适用于多种理论研究；遥测、头部自由移动眼动仪对头部的运动没有限制，尤其适合儿童，适用于阅读分析、网页设计研究等；头戴式眼动仪可在户外进行实验，一般用于分析眼睛对移动景物的注视轨迹，如用于运动分析、人机工程界面设计研究等。

表3-1　眼动仪分类

类型	代表产品	图片	采样率/Hz
高精度、头部固定眼动仪	Eyelink 1000 Plus（Research公司）	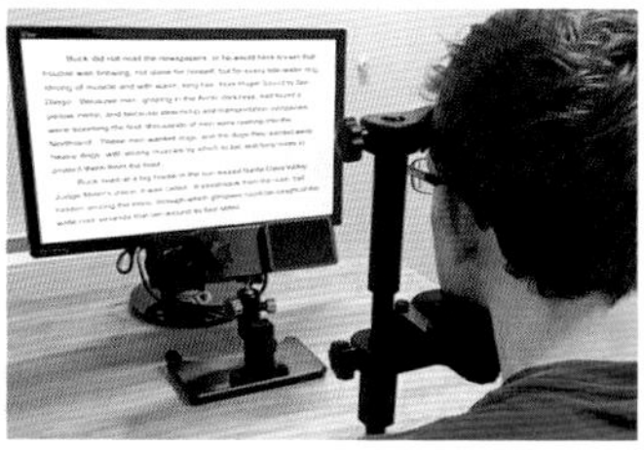	2000
	iView X Hi-Speed（SMI公司）	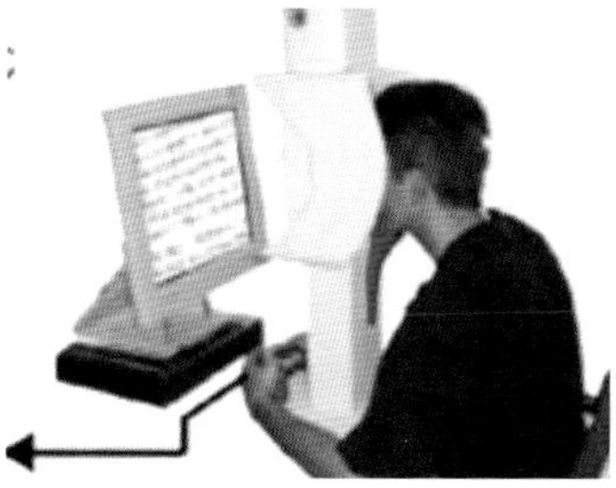	1250

续表3-1

类型	代表产品	图片	采样率/Hz
遥测、头部自由移动眼动仪	Tobii Pro Spectrum		1200
	Tobii Eye Tracker 5	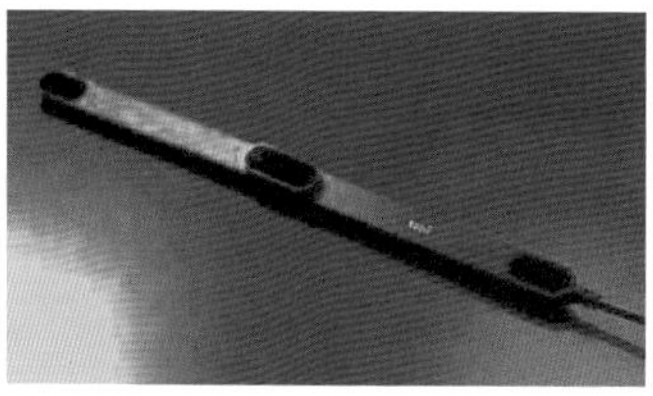	133
	Tobii Pro Glasses 3		100
头戴式眼动仪	Hardware Development Kit（ERGONEERS公司）		60

不同研究内容所选刺激材料与眼动仪如表3-2所示。

表3-2　具体实验中的眼动仪选择

研究方向	研究内容	刺激材料	眼动仪	采样率/Hz
视觉传达设计	海报构图类型对人的吸引力的研究	图片类（海报）	Tobii Pro Spectrum屏幕式眼动仪	1200
	电子绘本阅读中伴读方式对大班幼儿视觉注视的影响	文字+图画	iView XTM RED遥测式眼动仪	500
	步行商业街侧界面形态设计与感知研究	图片类（照片）	Tobii Pro X3-120屏幕式眼动仪	120
动画设计	微课视频设计策略与学习效果研究	文字+图画	Tobii TX300眼动仪	300
环艺设计	眼动仪应用于公园景观兴趣点研究	真实公园景观	Tobii Pro Glasses 2便携式眼动仪	50/100
	城市街道适老性需求研究	真实街道场景	iView X便携式眼动仪	50/60
	电动自行车骑手危险感知研究	真实骑行场景	Dikablis便携式眼动仪	50

续表3-2

研究方向	研究内容	刺激材料	眼动仪	采样率/Hz
交互设计	车载HMI界面色彩感知研究	图片	Tobii Pro Glasses 2 便携式眼动仪	50/100
	提升基础模拟飞行能力的量化研究	模拟训练场景	Tobii Eye Tracker 4C桌面型眼动仪	90
	基于表观特征的驾驶人眼动状态检测	真实驾驶场景	Tobii Pro X2-30 便携式眼动仪	30
工业设计	基于眼动跟踪实验与VR仿真的农业机器人造型设计研究	VR模拟场景	Tobii Pro X3-120便携式桌面眼动仪	120

眼动设备的选择决定了可实施的研究类型，也会影响数据收集的质量。每种仪器都各有优势和短板，以下为研究者根据特定的研究目的推荐参考的眼动设备，见表3-3。

表3-3　针对具体问题对眼动设备选择的参考

具体问题	选择参考
实验对象的考虑	若是儿童，不固定头部的眼动仪更好
实验任务的考虑	若实验需要打字，不固定头部的眼动仪更好
实验场景的考虑	若需要在不同的地方进行研究，便携式的眼动仪更好
兴趣区的考虑	兴趣区较大，可以使用低采样率、低准确性和低精确性眼动仪；兴趣区较小，且需要高质量的数据，采样率大于250Hz，准确性小于0.5°，精确性0.005°的眼动仪（若精确性低，也可通过其他实验数据对其进行补偿）
分析软件的导出	不是所有的系统都能导出实验分析所需的指标，需要在实验前就考虑好，做好记录与分析的准备
眼动行为所需采样率	见图3-2眼动行为所需采样率参数

3.3　眼动实验方案

眼动实验的前期准备工作主要包括根据自身的研究需求确定刺激材料、兴趣区、眼动指标、被试者及实验环境。

3.3.1　确定刺激材料

刺激材料即呈现给被试者的实验材料，是眼动实验中至关重要的一环，在构建眼动实验时需要花费充足的时间进行刺激材料的选择。刺激材料一般分为文本、图片、动态刺激材料三类。进行刺激材料的选择时，应先确定刺激材料的种类，再进行数量与编排的规划。

3.3.1.1　文本刺激材料

文本刺激材料指由文字组成的实验材料，通常是一个句子、一个段落或者一个篇章。文本刺激材料能够反映被试者的阅读眼动行为，多用于语言学、心理学、教育学的实验研究中。

在进行文本刺激材料的编排时，须恰当设置字体类型与字号、行间距以及换行符与边距等，确保刺激材料的准确呈现与数据收集。

（1）文字的字体规范

文本刺激材料一般使用每个字占据相同水平空间的字体，如微软雅黑、宋体。眼动实验中被试者眼睛到显示屏存在一定距离，因此文本需要足够大才能被阅读，而文本过大会使得刺激材料观看不自然，可通过一些测试找到平衡，如图3-4所示。在多行阅读中，研究者需要稍微对文本进行一些修正，以避免关键词出现在一行的开始或者结尾。

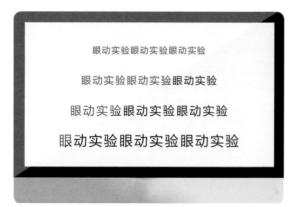

图3-4　文字的字体规范

（2）文字的间距规范

由于眼动仪对计算机屏幕的边缘通常计量不够准确，因此须设置合适的边距。对于单行阅读的句子来说，每个刺激材料都可以被呈现在屏幕的中央部分，且句子前后缩进适当的距离。对于被整屏呈现的文本而言，需要设置合适的边距，以确保没有数据丢失。同时可以使用双倍行距或者三倍行距来确保注视点归于这一行或另一行，如图3-5所示。

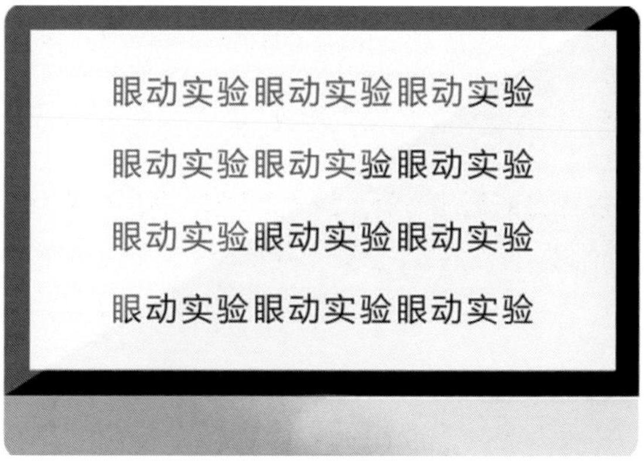

图3-5　文字的间距规范

3.3.1.2 图片刺激材料

图片刺激材料通常为照片、插画、海报等，能够反映被试者感兴趣的图形区域，适用于各个领域的实验研究。在进行图片刺激材料的选择与制作时，需要尽可能准确地对潜在的混淆变量进行控制或平衡。

（1）图片的平衡

眼动实验中的图片刺激材料在视觉外观上都应该尽可能平衡，确保所有的图片都有相同的尺寸与风格，以使得没有任何一张图片比其他图片更加凸显，避免对被试者产生指向性引导，如图3-6所示。

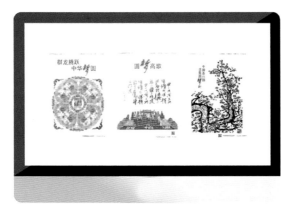

图3-6 图片刺激材料的平衡

（2）图片的排版

如果进行多张图片的比较，一般会包含一张目标图片、一张与目标图片相关的竞争图片和一两张无关的干扰图片。如果将文本与图片混合在一起，则须考虑不同元素的放置位置，并尝试将图片材料与文本材料平衡编排，以确保角落或边缘的数据没有丢失。一般来说，应尽可能地确保图片的重要部分远离屏幕的边缘，且每张图片的排列间距相同，如图3-7所示。

图3-7 图片刺激材料的排版

（3）图片的来源

实验图片可以从网上获取或自己制作，如果从网上获取需要注意图片版权、清晰度等问题。如果自己制作，

则应通过制图软件制作，所有图片的分辨率与质量应足够高，确保图片在放大的情况下，被试者能够准确识别图片内容。

3.3.1.3 动态刺激材料

动态刺激材料主要分为视频刺激材料和交互界面刺激材料两种类型。

（1）视频刺激材料

视频刺激材料（图3-8）主要用于语言学与教育学研究，通过视频能够反映出被试者的语言学习情况以及感兴趣的画面区域。

图3-8 视频刺激材料

视频刺激材料一般分两种类型，第一种类型为电影、电视节目或其片段，第二种类型为自己创建的视频。视频刺激材料需要保证所有视频的尺寸大小、分辨率、出现时间等均相同。

（2）交互界面刺激材料

交互界面刺激材料（图3-9）多用于人机交互、智能驾驶领域的研究中，通过分析被试者在交互界面的眼动注视情况，评价交互界面的可用性，从而优化用户体验。

图3-9 交互界面刺激材料

交互界面刺激材料分为真实材料和创建材料，真实材料指真实可操作的界面，一般用于比较被试者对不同功能、不同界面的操作差异。这一情况下，须对界面的文

字、布局、图片等存在的差异性与相似性的客观因素进行了解与筛选，基本保证不同界面的文字、布局等相同。创建材料则是自己设计的虚拟界面，相较于真实材料，虚拟材料的可控性更强，可根据自身的需求进行变量的控制，保证界面的布局等因素一致。

3.3.1.4 须注意的事项

（1）刺激材料的数量

刺激材料的数量一般根据实验的目的与需求而定，适量的刺激数量能够保证实验结果的统计效力。刺激材料过多容易引起被试者疲劳，影响实验结果。可适当减少刺激材料数量或在进行半小时后安排被试者休息。针对部分集中力较弱的人群，如儿童、老年人等，需考虑以少量的刺激材料进行实验。

（2）刺激材料的呈现顺序

刺激材料的呈现顺序是一个重要的实验变量，刺激材料呈现的方式会极大地影响研究结果，应根据自身的研究需求对其加以控制。

刺激材料的呈现顺序分为计划性与随机性两种类型，如表3-4所示。

表3-4 刺激材料顺序类型

顺序类型	定义	应用类别
计划性	刺激材料的呈现顺序是固定的，或具有特定的顺序要求	部分文本、视频、交互界面刺激材料
随机性	刺激材料的呈现顺序是随机的，不同被试者观看的顺序皆不同	所有刺激材料

3.3.2 确定兴趣区

3.3.2.1 兴趣区的概念

兴趣区（ROI）也被称为"兴趣区域"（AOI），它是与研究问题相关的刺激区域，是实验目标的反映。在大多数研究中，清楚地了解想要分析的内容才能创建平衡、可控的刺激材料，因此，兴趣区通常会根据每个刺激材料而决定，如表3-5所示。在某些类型的动态材料中，并不提前划分兴趣区，而是以被试者自身所感兴趣的区域为兴趣区。

表3-5 不同类型刺激材料所对应的兴趣区

刺激材料类型	对应兴趣区
文本材料	单词、句子、段落，或是更大的区域
图片材料	呈现的特定区域，如某个标志、某个形状
动态材料	在交互界面中，可能是某个应用图标；在视频中，可能是在特定时间点或在固定时间窗口内被呈现的特定区域

3.2.2.2 兴趣区尺寸

兴趣区的最小尺寸取决于眼动仪的准确性和精确性。根据霍克维斯等人的说法：对于高端的眼动仪来说，兴趣区的实际最小尺寸应该是1°～1.5°的视角。也就是说，在计算机屏幕上，从60～80cm的距离看（图3-10），最小尺寸应该是1.2～1.8cm。为保证实验结果的准确性，计算机屏幕上的兴趣区一般至少为2.54cm×2.54cm。

图3-10 距离示意图

3.3.2.3 兴趣区重叠

当两个兴趣区重叠时，一般认为重叠区域的注视同时属于两个兴趣区，并计数两次。实验中应尽量避免重叠，因为与没有重叠的领域相比，重叠违反了统计假设，并高估了对重叠领域的关注程度。因此，应该注意分离兴趣区。兴趣区只有在属于不同的兴趣区集时才能重叠，并且在任何时候都不能相互比较。

3.3.3 确定指标

眼动实验会产生许多眼动数据指标，这些眼动指标能从各个纬度解释被试者的眼动行为。一般来说，每个研究选取的眼动指标以3～4个为宜，指标之间最好存在互补性，能够起到相互支撑的作用。

3.3.3.1 眼动指标分类

眼动指标根据不同的方法，可划分为不同的类型，如表3-6所示。

表3-6 眼动指标的分类

划分方法	指标类型	指标意义
时空纬度划分	时间指标：注视持续时间、凝视时间、回视时间、总注视时间、平均注视时间等	精细地从时间上揭示不同的信息加工过程
	空间指标：注视点、各种不同眼动的次数、眼跳距离等	从空间上揭示不同区域的加工模式
眼动行为划分	注视类指标：总注视次数、首次注视时间、注视顺序等	反映内容获取和认知加工情况
	眼跳类指标：眼跳次数、眼跳幅度、回视型眼跳等	反映不同注视点之间注意情况
	瞳孔直径	作为高级心理活动的较为敏感的定量化指标

3.3.3.2 眼动指标含义

眼动实验中较为常用的眼动指标及含义如表3-7所示。

表3-7 常用的眼动指标及含义

序号	眼动指标	眼动指标含义
1	注视持续时间	注视时间越长，表明提取信息越困难，或表明这个目标更吸引人
2	首次注视时间	被试者第一次注视某兴趣区内的首个注视点的持续注视时间
3	总注视次数	兴趣区被注视的总次数。总注视次数越多，表明搜索效率越低
4	总注视时间	即总观看时间，是落在兴趣区的所有注视点的时间的总和，包括首次注视时间、凝视时间等。总注视时间越长表示兴趣区越吸引人
5	凝视时间	被试者第一次注视某兴趣区到视线离开该兴趣区的所有注视时间的总和，是比较在不同目标上注意分配情况的最佳指标
6	注视顺序	反映被试者兴趣变化过程和对不同区域关注度的变化
7	平均注视时间	兴趣区内所有注视点的持续时间的平均值就是平均注视时间
8	眼跳次数	眼跳次数越多，表明搜索过程越长
9	眼跳距离	从眼跳开始到此次眼跳结束之间的距离。距离越远表示新区域有更多的意义性线索
10	回视型眼跳	表明当前缺乏意义性线索
11	回视时间	所有回视到当前兴趣区的注视时间之和，可以反映出该兴趣区的总加工时间
12	瞳孔直径	用来推测认知加工程度和认知负荷大小的指标，当心理负荷较大时，瞳孔直径增加幅度会偏大

3.3.4 选择被试者

不同个体的行为偏好、语言习惯、受教育水平各不相同，因此在进行实验被试者招募时，应当多加考虑如何控制相关差异、实验时被试者是否存在任何身体上或认知上的挑战，以确保实验能够顺利进行。

3.3.4.1 被试者数量

眼动实验的被试者数量并没有统一的答案，研究目的将决定所需要的被试者数量。一般来说，被试者数量越多，所得数据的标准误差越小。根据研究目的实验可分为个体研究和群体研究，它们的被试者数量要求如表3-8所示。

表3-8 被试者数量

研究目的	数量要求
个体研究	所需被试者数量较少，每位被试者的实验时间相对较长，被试者数量一般在10~30人
群体研究	所需被试者数量较多，并确保被试样本是该群体的典型样本，数量一般在30人及以上

任何研究都不可避免地会出现由技术、人员等相关因素造成的实验数据丢失、损坏。因此，在进行眼动实验时，实际被试者数量应当多于计划被试者数量。

3.3.4.2 被试者考量

眼动实验在挑选被试者时首先须考量其性别、年龄、教育背景等常规因素，如表3-9所示。

表3-9 被试者考量

考虑因素	注意事项
年龄	老年人（69岁及以上）眼睑下垂导致瞳孔在一定的注视角度被睫毛部分覆盖，导致数据偏移或丢失
	幼儿及少儿（0-12岁）由于注意力不易集中、好动等，容易导致数据偏移或丢失
性别	在部分实验中，不同性别的被试者具有不同的行为习惯，对实验结果会产生一定影响
教育背景	被试者的教育背景不同，其认知能力与行为习惯有一定差别，须注意这一因素
视力	部分近视的被试者须佩戴眼镜进行实验，如果佩戴眼镜则实验中途不可更换眼镜，且不允许佩戴有图案花纹、色彩的隐形眼镜
其他因素	如若被试者化妆须卸妆
	被试者实验时应清醒且精力充沛

除了常规因素外，还须注意部分特殊人群，如表3-10所示。

表3-10 特殊人群

特殊人群		具体分类
视觉障碍	盲	一级盲：最佳矫正视力低于0.02，或视野半径小于5°
		二级盲：最佳矫正视力等于或优于0.02，而低于0.05，或视野半径小于10°
	低视力	一级低视力：最佳矫正视力等于或优于0.05，而低于0.1
		二级低视力：最佳矫正视力等于或优于0.1，而低于0.3
	色盲	全色盲：属于完全性视锥细胞功能障碍，视力约在4.0（0.1）以下，色盲者仅有明暗之分，而无颜色差别
		红色盲：又称第一色盲。患者主要是不能分辨红色，对红色与深绿色、蓝色与紫红色以及紫色不能分辨
		绿色盲：又称第二色盲，患者不能分辨淡绿色与深红色、紫色与青蓝色、紫红色与灰色，把绿色视为灰色或暗黑色
		蓝色盲：又称第三色盲。患者蓝黄色混淆不清，对红、绿色可辨。蓝色盲患者眼中的世界相当于拿一张黄色过滤片过滤后的世界
	色弱	全色弱：对比全色盲视力较好
		红色弱：红色弱对红色分辨能力较差，必须在颜色比较明显，对比比较强的时候，才能够分辨
		绿色弱：绿色弱对绿色分辨能力较差，需要在绿色比较强的情况下才能识别绿色，通常将很淡的绿色视作灰色或黄色
		蓝色弱：蓝色弱对蓝色分辨能力较差，必须在颜色比较明显，对比比较强的时候，才能够分辨
认知障碍	阅读障碍	阅读障碍是学龄儿童中常见的一种学习障碍，指先天或后天的脑损伤以及相应视听障碍造成的阅读困难
	感知障碍	表现在感知某一现实事物时，对事物的整体认知正确，但对其某些属性如形状、大小、颜色、位置、距离等产生与实际情况不相符合的感知

3.3.5 设置实验环境

对于在实验室进行的研究，在进行实验环境设置时，应当注意以下几点，以排除环境因素对实验的干扰。

3.3.5.1 场地

眼动实验需要安静的实验环境。实验室可分为主试间和被试间，尽量选择没有窗户的房间作为被试间，放置被试显示器。主试间为操作人员的工作间，放置眼动设备主机。

3.3.5.2 照明

眼动实验室首先必须确保环境光线不会干扰实验。太阳光和白炽光中含有红外光，红外光会产生额外的角膜反射，导致数据不准确。因此，建议选择装有遮阳板或荧光灯的无窗实验室。

3.3.5.3 设施

在实验中被试者需以舒适的状态进行眼动实验，因此在实验室设施配置上须考虑以下几点。

（1）椅子

选择可升降且不带滚轮样式的椅子，使被试者以舒适、稳定的状态进行实验。

（2）桌子

选择高度可调节的桌子，以此保持相机、屏幕和下巴托或额头贴的位置恒定。

3.3.5.4 干扰

在实验设置上应尽量减少环境、人为干扰，保证被试者在实验中的专注性，干扰因素如表3-11所示。

表3-11 干扰因素

干扰类型	干扰因素
环境干扰	墙壁装饰、噪声、音乐等
人为干扰	实验人员出入实验室、讲话等

3.4 眼动实验操作流程

实验操作以德国ERGONEERS公司研发的Dikablis Glass3眼镜式眼动设备为例，设备清单如表3-12所示。

表3-12 眼动实验设备清单

设备名称	设备图片	备注
Dikablis Glass3头戴式眼动仪		采样率：60Hz；瞳孔追踪精度：0.05°；视线追踪精度：0.1°~0.3°
D-Lab 3.0系统笔记本电脑		1台
Dikablis Glass3眼镜式眼动设备 — 眼动仪电源线		1根
数据采集盒		1个
采集盒数据线		1个
MacBook Air笔记本电脑		尺寸：13英寸；屏幕分辨率：1920×1080

3.4.1 实验准备

3.4.1.1 连接实验设备

①主试者进入眼动实验室，打开实验室工作电源，并启动眼动设备，如图3-11所示。

图3-11 启动眼动设备

②将眼动仪与配套系统设备相连，如图3-12所示。

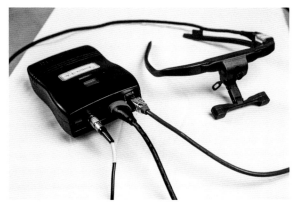

图3-12 眼动仪连接

③在眼动系统内建立一个新的实验项目并给项目命名，如图3-13所示。

图3-13 创建新的实验项目

3.4.1.2 安排被试者

①被试者进入实验室后填写知情同意书，实验室进行备份留档，如图3-14所示。同时，主试者向被试者介绍实验目的、步骤以及实验过程中的注意事项。

图3-14 被试者填写知情同意书

②主试者为被试者佩戴眼动仪，并调整至不遮挡视线（遥测式与头部固定式眼动仪不需要佩戴，被试者只需坐在眼动仪前），如图3-15所示。

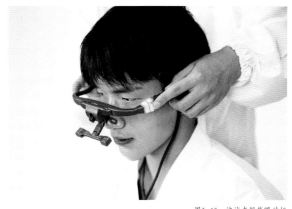

图3-15 被试者佩戴眼动仪

③在眼动系统中建立被试者数据文档，如图3-16所示。

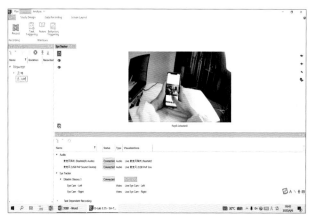

图3-16 建立被试者数据文档

调整被试者的位置及坐姿（被试者与显示屏之间的距离为显示屏宽度的1.75倍，为50～80cm，双眼平视屏幕中央），保证被试者在实验期间不会产生不适感，如图3-17所示。

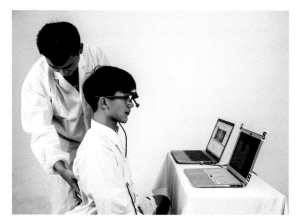

图3-17 调整被试者的位置及坐姿

3.4.1.3 调试眼动仪

①系统切换至眼睛可视化界面，如图3-18所示。

31

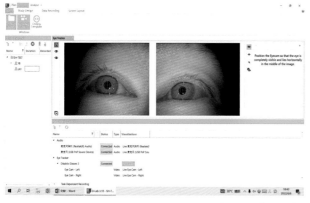

图3-18　眼睛可视化界面

②主试者调整摄像头及屏幕前后位置与角度，使被试者双眼影像在屏幕上居中且稳定呈现，如图3-19所示。

图3-19　调整眼动仪至双眼影像在屏幕上居中

③调整并锁定被试者眼睛追踪范围（图3-20）。完成后进入四角标定页面（图3-21）。

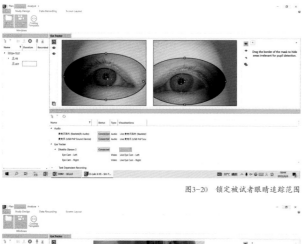

图3-20　锁定被试者眼睛追踪范围

图3-21　四角标定页面

④进行四角标定（在部分眼动系统中可不进行四角标定，直接进入眼动校准），如图3-22所示，被试者按照"左上—右上—右下—左下"的顺序，依次看向电脑上贴的四张图标。每看一个点，主试者在该区域的点上点击鼠标，系统自动切换至下一区域，直至四个区域点击完成。

图3-22　进行四角标定

⑤进行眼动校准。在Tobii、SR Research、ASL等公司的眼动系统中，系统可以自动校准，必要情况时进行手动校准。如不准确则需重新进行视线范围锁定和四角标定。

3.4.2　实验运行

3.4.2.1　预实验

①打开预实验材料，主试者点击眼动系统中的"记录"按钮开始记录，如图3-23所示。

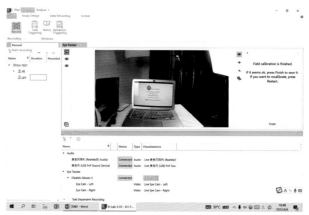

图3-23　记录预实验数据

②被试者阅读指示语，理解内容后点击触发器开始预实验，如图3-24所示。

图3-24　被试者阅读指示语

③被试者观看一组非正式实验材料，观看结束后点击按钮结束记录，如图3-25所示。

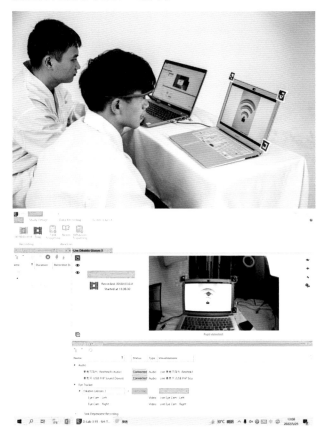

图3-25 结束预实验记录

④主试者根据被试者预实验情况进行调整，无特殊情况后进入正式实验。

3.4.2.2 正式实验

①打开正式实验材料，主试者点击眼动系统中的"记录"按钮开始记录。

②被试者阅读指示语，理解内容后点击触发器开始正式实验。

③被试者依次观看实验材料直至播放完毕，屏幕出现"谢谢"表示实验结束，如图3-26所示。

图3-26 被试者观看实验材料

④点击结束记录按钮，存储该被试者的实验数据，如图3-27所示。

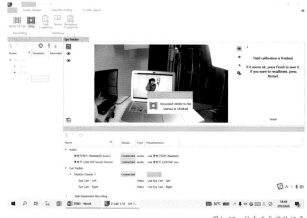

图3-27 结束正式实验记录

3.4.3 实验结束

3.4.3.1 收集其他数据

①根据研究需求可进行实验后访谈或问卷等，结束后可为被试者发放小礼物或酬劳。实验访谈问题如：

a.实验中的平面广告，哪2张是你最喜欢的？并说明原因。

b.你认为图形能够帮助理解平面广告的表达信息吗？

c.你认为颜色能够帮助理解平面广告的表达信息吗？

②重复上述实验步骤，直至所有被试者实验完毕。

3.4.3.2 整理实验室

①关闭眼动设备，将眼动设备归放至原处。将数据线与眼动仪、电脑断开连接，关闭电脑电源与眼动仪电源。将所有设备按照要求摆放好，并放至实验室原处（图3-28）。

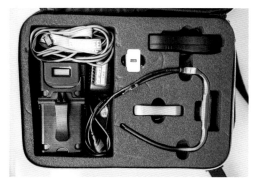

图3-28 眼动设备整理

②清理实验台并填写实验记录。完成后关闭实验室电源并锁门离开。

整个眼动实验过程总结如图3-29所示。

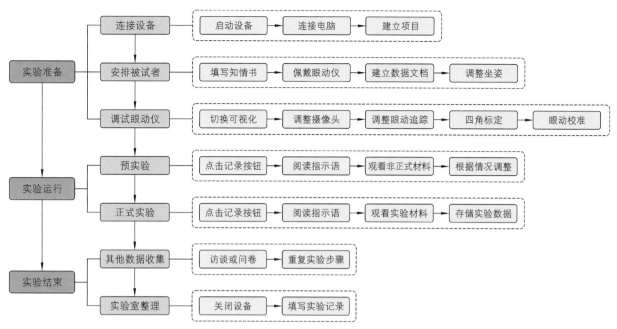

图3-29　眼动实验过程

3.5　眼动数据分析

3.5.1　数据筛选与导出

实验结束后将产生大量数据，但并不是所有的数据都是有效数据，因而需要针对眼动数据进行筛选与导出。

3.5.1.1　数据检查

首先需要在视觉上对数据进行检查，将所有不能用或明显有问题的试次剔除，如果有需要可以补充其他数据。不同类型刺激材料的实验检查要点如表3-13所示。

表3-13　不同类型刺激材料的实验检查要点

刺激材料类型	检查要点
文本刺激材料	检查是否发生被试者眨眼或眼动仪对瞳孔的追踪暂时性丢失等现象
图片材料	检查注视数据非常稀少或注视点多于所期望的数量的试次，可通过查找主试者在实验过程中记录的笔记解释异常原因
视频材料	

一般而言，如果被试者打喷嚏、偶然过快触发按键而导致出现问题数据，可仅删除被试者总体中的个别试次，目前认为数据删除比率超过10%是非常高的删除比例。

3.5.1.2　数据提取

眼动实验一般只需导出对所研究问题来说重要的数据，即兴趣区内的眼动数据，因而在数据导出前须在眼动系统中勾画出兴趣区。

①点击AOI创建界面，并命名兴趣区，如图3-30所示。

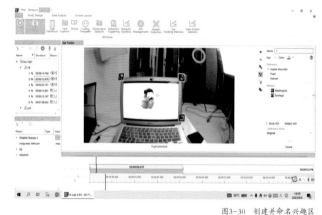

图3-30　创建并命名兴趣区

②在界面中勾画并生成兴趣区，如图3-31所示。

图3-31　勾画并生成兴趣区

3.5.1.3　数据导出

①进入数据导出页面，选中该被试者兴趣区，并勾选所须导出的眼动指标数据，如图3-32所示。

②导出并命名数据，如图3-33所示。

导出数据可用Excel软件打开，如图3-34所示。若想导出特定时间窗口的数据，一般先将所有数据导出，再手动将数据分开；或者将想要分析的数据通过眼动系统设置范围。两种情况都须设置起始时间，才能轮流导出各个时间窗口的数据。

3.5.2　数据可视化

数据可视化是一种能够获取"全局"数据的有效方式。可视化包括个别试次、单个被试者或者所有被试者的眼动数据平均情况，一般用于视频和图片刺激材料的实验中。数据可视化图表主要分为注视图、蜂群图和热点图三类。

3.5.2.1　注视轨迹图

注视轨迹图（图3-35）是以点表示被试者个人的注视点、以线表示眼跳的可视化图。点的大小与注视时间成正比，点越大则表示注视时间越长。每个点上都有一个编号，标志被试者的阅读顺序与阅读位置。通过注视图能够直观地看到被试者在实验过程中的注视点位置的移动顺序及注视时间，从而了解被试者的注意偏好。

3.5.2.2　蜂群图

蜂群图（图3-36）可以呈现多个被试者在同一个试次中的注视点位置，以不同的颜色来表示不同的被试者，并且不管注视持续时间多长，所有注视点都是同样的大小。蜂群图还可以提供特定时间点上的静态的注视模式或者是注视位置随时间变化的动态模式。

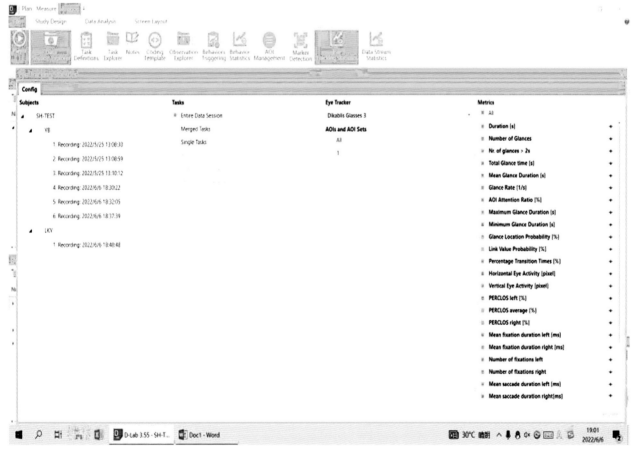

图3-32　勾选被试者兴趣区与眼动指标

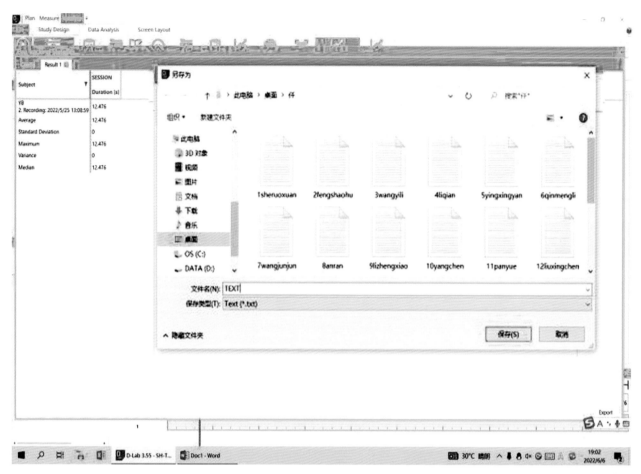

图3-33 导出并命名数据

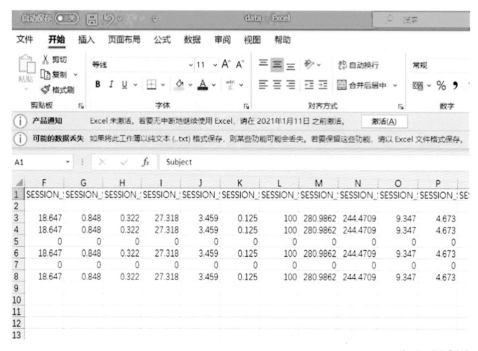

图3-34 数据导出图

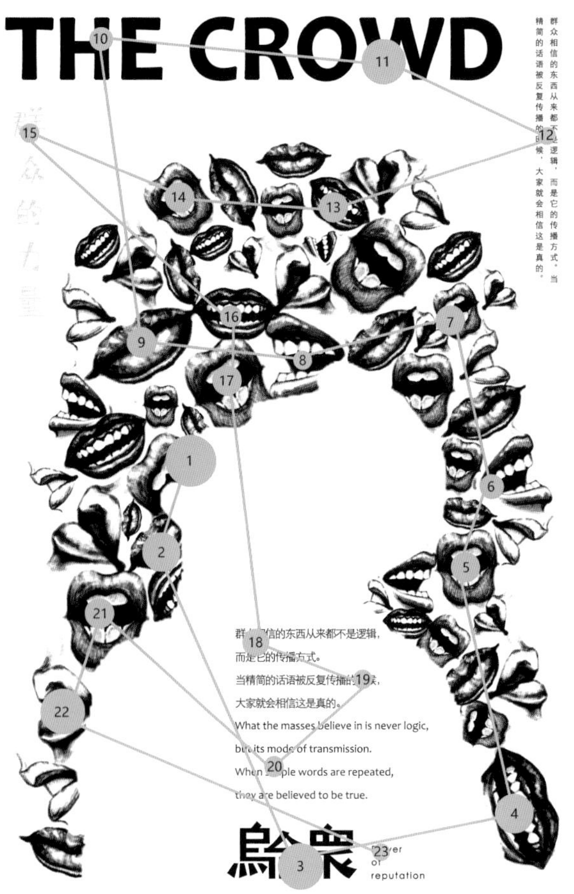

图3-35　注视轨迹图

图3-36　蜂群图

3.5.2.3　热点图

热点图（图3-37）通常被用来展示被试者对屏幕不同区域的相对注意。热点图通过对颜色进行简单编码来解释注视数据，即在实验过程中，被试者注意更多的区域通常被标识为红色，而注意相对较少的区域通常被标识为绿色或蓝色。热点图可以展示同一个试次中的单个或多个被试者的数据。热点图可以用一张静态的图片来展示某个试次中的数据的整体模式，也可以用动画来展示数据随时间的流动发生的变化。

图3-37　热点图

3.5.3　数据分析方法

将实验数据导出后，需要使用统计软件对数据进行分析，数据分析可以通过SPSS或R软件来进行，具体情况如表3-14所示。在一些特殊情况下，数据导出后仍旧需要在数据分析之前对数据进行清理筛选。

表3-14　数据分析软件

数据分析软件	软件简介
SPSS	SPSS是最常用的数据分析软件之一，既提供简单的统计描述，又提供复杂的多因素统计分析方法，如数据的探索性分析、统计描述、列联表分析、二维相关分析、秩相关、偏相关分析、方差分析、非参数检验、多元回归、生存分析、协方差分析、判别分析、因子分析、聚类分析、非线性回归等

续表3-14

数据分析软件	软件简介
R	R是一套完整的数据处理、计算和制图软件系统。其功能包括：数据存储和处理系统；数组运算工具；统计分析工具；统计制图功能
Power BI	Power BI是一套商业分析工具，可连接数百个数据源，把复杂的数据转化成简洁的视图

眼动实验数据的分析方法一般为相关性分析、t检验和方差分析，其方法与用途如表3-15所示。

表3-15　数据分析方法含义及用途

分析方法		方法含义及用途
相关性分析		对两个或多个具备相关性的变量元素进行分析，从而衡量两个变量元素的相关密切程度。相关性的元素之间需要存在一定的联系才可以进行相关性分析
T检验	用于统计量小且服从正态分布，但总体标准差未知的情况	单样本均值检验：检验总体方差未知、正态数据或近似正态的单样本的均值是否与已知的总体均值有差异
		两独立样本均值检验：检验两对独立的正态数据或近似正态的样本的均值是否有差异
		配对样本均值检验：检验一对配对样本的均值的差是否等于某一个值
		回归系数的显著性检验：检验回归模型的解释变量对被解释变量是否有显著影响

续表3-15

分析方法		方法含义及用途
方差分析	可用于两个及两个以上样本均数差别的显著性检验	单因素方差分析：研究一个控制变量的不同水平是否对观测变量产生显著影响
		多因素方差分析：研究两个及两个以上控制变量是否对观测变量产生显著影响
		协方差分析：将人为很难控制的控制因素作为协变量，并在排除协变量对观测变量影响的条件下，分析控制变量（可控）对观测变量的作用，从而更加准确地对控制因素进行评价

在使用方差分析或T检验时，研究者需要对所有试次中的数据进行平均，并根据被试者和项目来比较不同条件下的均值。如果两种分析都获得了显著的结果，那么研究者通常得出这样的结论，即条件之间存在差异，这种差异可以被概括归纳到其他被试者和项目上。

脑电实验操作

4.1 脑电实验目的

脑电实验是一种记录头皮表面因大脑活动而产生的电信号的实验。脑电实验最初应用于心理学领域，随着技术的发展，脑电实验在临床医学、人因工程学等学科上起到了重要的作用。目前脑电实验的目的主要是通过实验数据分析人在受到外部刺激或自身的感知、认知心理加工过程中的脑电信号变化，从而验证研究内容的科学性。

4.2 脑电实验仪器

4.2.1 脑电仪原理

脑电仪主要包括放大器、记录器、电极帽、电极、分析软件等。脑电信号极其微弱，须通过电极与头皮的有效接触而进行脑电信号记录，脑电仪一般将采集电极按照国际规定点放置于头皮表面，通过探测各点的电势差而提取脑电信号。如图4-1所示为脑电原理图。体表电极是当前脑电实验最常用的电极之一，分为干电极与湿电极，湿电极相对干电极导电性更强，须配合导电膏使用，是目前脑电仪中被使用最多的体表电极方式。

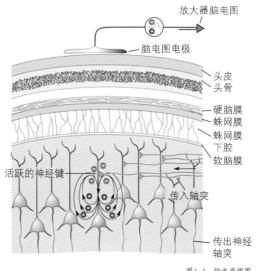

图4-1 脑电原理图

体表电极根据电极的作用又分为接地电极、参考电极和记录电极三类，如表4-1所示。

表4-1 电极类型

电极类型	属性
记录电极	放置在想要测量的特定头皮位置，一般为耳后乳突、鼻尖或者耳垂处
参考电极	作为相对的零电位信号，与记录电极形成差动电路
接地电极	用于将放大器和被试者放置在同一电位，减少共模干扰，同时接通信号

目前脑电实验按照国际10-20标准电极位置放置电极，

如图4-2所示，包括19个记录电极和2个参考电极。如果仅研究某个脑区的电位变化，可以基于10-20标准电极系统进行扩展，在该脑区周围增加多个电极。

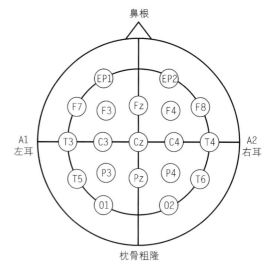

图4-2 国际10-20标准电极位置

电极导联一般分为单极导联、双极导联、平均导联三种连接形式，如表4-2所示。在脑电实验中，一般使用单极导联记录脑电，使用双极导联记录眼电、心电或肌电。

表4-2 电极导联类型

导联类型	属性	优点
单极导联	将记录电极置于头皮，参考电极置于耳垂记录脑电信号	能够记录到记录电极下的脑电位变动的大致绝对值，波幅较双极导联高且恒定
双极导联	仅有两导作用电极，无参考电极的记录方法，记录的波幅值为两个电极之间的电位差	可用双极导联记录眼电、肌电、心电等，数据处理时须消除对脑电信号的影响
平均导联	全部记录电极连接至公共参考点，但在每个电极和公共点之间放置阻值相等的电阻	能够削弱和平均头皮各点的电位，使电位接近于零

4.2.2 脑电仪属性

4.2.2.1 采样率

采样率指计算机每秒钟采集信号样本的频率，单位为赫兹（Hz）。目前常见的脑电设备采样率为100～500Hz，部分实验需采样率至少达到10000Hz。

4.2.2.2 导联数

导联数指电极帽上的电极传感器数量，导联数越多，所能探测到的脑电信号越多。不同的导联数其应用领域不同，一般分为以下几类（表4-3）。

表4-3 导联数划分

导联数	应用领域
>64ch	可进行高密度神经图像研究，主要依靠源定位和信号处理过滤
32~64ch	可进行神经科学研究，脑电图成像（伴有严重的脑电伪影过滤）
19ch	可用于临床研究和实践中使用的国际10-20标准系统
16~32ch	可应用于神经科学研究领域，如脑机接口、生物医学工程、神经工程、心理学等
8~16ch	可用于运动神经康复、认知神经康复、消费者神经科学等
<8ch	特殊应用，包括测量一个定义明确的神经过程

一般来说，最小设置应具有8个电极传感器，放置于大脑的特定部位，测量基于大脑的接近和回避动机反应的额部不对称性。带有10~20个国际标准导联通道的电极帽足以满足大多数学术或商业需求。配备20通道以上的电极则适用于更高级的成像研究。

4.2.3 脑电仪类型

脑电设备自研发以来经历不同程度的更新，随着科技的发展与进步，脑电设备从走纸式到数字采集系统，再到便携式，满足了人们各类研究的需求。根据脑电仪的使用方式以及性能划分，可分为多量电极（32个及以上）脑电帽、中量电极（8~32个）头戴式脑电仪、少量电极（8个及以下）耳机式脑电仪三种类型，如表4-4所示。一般来说，电极数越多，检测到的脑电波效果越好，但放置电极数由实验目的或要求决定，须选择适当的电极数。

表4-4 脑电仪类型

类型	代表产品	图片	电极数	采样率	特点
多量电极脑电帽	NE脑电仪（Neuroelectrics公司）		32	500Hz	电极数量多，数据较公，准确率较高，常被学术性的实验研究所使用
	NeuSen W（博睿康公司）		32	16kHz	
中量电极头戴式脑电仪	DSI-24（Wearable Sensing公司）		24	300Hz	电极数较多，测量数据较丰富，测量准确性较高
	EPOC+（EMOTIV公司）		16	2048Hz	

续表4-4

类型	代表产品	图片	电极数	采样率	特点
少量电极耳机式脑电仪	Muse（InteraXon公司）		7	256Hz	电极数较少，灵活性高
	Mindset（NeuroSky公司）		1	—	

当前脑电实验主要选择脑电帽作为实验工具，根据被试者的年龄及头部大小，脑电帽可分为以下几种，如表4-5所示。脑电帽尺寸须与被试者头部大小保持一致，以保证电极能够贴合被试者头部，过松过紧都会影响实验数据。

表4-5 脑电帽尺寸分类

脑电帽型号	脑电帽尺寸
新生儿	34~40cm
婴儿	42~48cm
儿童或小号	48~54cm
中号	54~62cm
大号	62~68cm

4.3 脑电实验方案

4.3.1 选择刺激材料

脑电实验要根据不同的实验目的和要求选用合适的刺激材料，不同研究领域对刺激材料的内容要求有所不同，常用的刺激类型主要包括视觉刺激材料、听觉刺激材料和体感刺激材料三类。由于刺激材料的物理特征的变化会对脑电实验产生一定影响，因此，需要根据研究目的对刺激材料的物理特征进行严格的控制。

4.3.1.1 视觉刺激材料

视觉刺激材料一般为图片或视频形式，在进行刺激材料的选择时须考虑以下5个性质（表4-6）。

表4-6 视觉刺激材料物理性质

物理性质	含义
对比度	一幅图像中明暗区域最亮的白和最暗的黑之间不同亮度层级的测量。差异范围越大代表对比越大，反之则越小
亮度	亮度是外界辐射在我们视觉中反映出来的心理物理量，指的是物体单位面积上的发光强度，其度量单位是"坎德拉"
空间频率	视觉刺激所包含的空间频率信息会显著影响ERP的早期成分

续表4-6

物理性质		含义
色彩三要素	色相	色彩的相貌和特征。自然界中色彩的种类很多。色相指色彩的种类和名称，如红、橙、黄等颜色的种类变化
	明度	也称为色阶，指色彩的明暗程度，也是眼睛对光源和物体表面的明暗程度的感觉
	纯度	色彩的鲜艳程度，也叫饱和度。原色是纯度最高的色彩。颜色混合的次数越多，纯度越低；反之，纯度则高
视角		视角是观察物体时，从物体两端（上下或左右）引出的光线在人眼形成的夹角。物体的尺寸越小，离观察者越远，则视角越小。正常眼能区分物体上的两个点的最小视角约为1分

4.3.1.2 听觉刺激材料

听觉刺激材料根据声音可分为以下8类（表4-7）。

表4-7 视觉刺激材料的分类

刺激材料类型	含义
纯音	也称作单音。从主观感觉判断是指有明确的单音调感觉的声音，从物理现象判断是指声压随时间作正弦函数变化的声波
复合音	从主观感觉判断是指有多音调感觉的声音，从物理现象判断是指含有多个频率的声波
乐音	能引起明确的音调、音色等感觉的声音。通常指乐器或歌唱发出的声音
语音	人类所特有的带有明确含义的声音
白噪声	在较宽的频率范围内，各等带宽的频带所含噪声能量相等的噪声。由于各频率成分的能量分布均匀，类似于光学中的白光形成原理
短声	一种宽频的瞬态刺激声，是听觉生理实验和听觉诱发电位常用的刺激声
短音	实质上是滤波短声，是方波电脉冲经过窄带滤波器滤波以后通过的刺激声
短纯音	一种纯音信号，通过窄带滤波器的选通程序使其达到至少2个周期上升/下降时间和1个以上周期的持续时间

4.3.1.3 体感刺激材料

电刺激是体感诱发电位（SEP）的最佳刺激法。其主要优点是：刺激操作简便，易于定量控制和测量，所诱发的SEP波幅较高，波形清晰，可重复性好。

电脉冲的方波时程范围为0.1~0.2ms。但是在周围神经病损时，由于兴奋性低，方波时程需较长。在时程为0.1~0.2ms时，表面电极的刺激电量为4~20mA即可引出清晰的SEP。刺激频率可根据研究需要设定，如1Hz、2Hz、5Hz等。

4.3.1.4 注意事项

（1）刺激材料顺序

在排列刺激材料的顺序时，需要注意以下4点（表4-8）。刺激材料的呈现顺序分为计划性与随机性两种类型。

表4-8 刺激材料的注意事项

注意要点	具体要求
刺激材料持续时间	刺激材料持续时间不同，所产生的诱发电位会有一定的区别，而且，持续时间对实验任务的难度也有影响
刺激间隔	刺激间隔的设置要根据实验目的进行，但是不建议间隔时间太长，应以被试者能够完成作业任务为宜，且应尽可能做到间隔随机化
刺激概率	刺激概率是刺激编排的重要因素之一，刺激生成的概率不同，将对ERP波形产生显著影响
特殊研究领域	特殊研究领域刺激序列的编排要根据不同的实验要求进行，这种编排往往与实验心理学、认知心理学相关实验的刺激排列有相似之处

（2）刺激代码输出

任何脑电实验设计，其刺激的呈现必须与脑电的记录同步，才能根据事件类型对脑电数据进行分段、叠加、平均，得到与事件相关的脑电波形。目前常用的刺激编排软件如表4-9所示。

表4-9 刺激编排软件

软件名称	具体要求
Neuroscan的Stim系统	由于Neuroscan的放大器具有很好的一致性，可以非常方便地直接编写刺激或事件代码，Neuroscan放大器可以同步记录事件代码
Eprime软件 Presentation软件	须进行"Inline"语句编写，输出脑电放大器能够识别的事件代码（并口或串口）

4.3.2 选择被试者

4.3.2.1 被试者数量

被试者数量取决于实验研究性质与需求，一般情况下建议数量尽可能多，以满足统计检验的需求，使得实验结果更具备普遍性。具体情况如表4-10所示。

表4-10 被试者数量

实验类型	数量要求
组内设计	能够用于最后分析的被试者数量最好多于15人
组间设计	被试者数量较多，一般在20人以上
特殊人群实验	如宇航员、运动员等，须根据不同的研究需求，减少被试者数量，也可以开展有效的个案研究

同时，由于实验中可能会存在实验结果有伪迹、实验记录未完成、被试者不能完成任务等情况，因此实际实验人数需比拟定实验人数多，以防止缺少实验数据。

4.3.2.2 被试者考量

脑电实验主要是对人类的脑认知活动过程或脑功能状态进行监测，因此，被试者的选择对研究结果的可靠性、普遍性具有重要影响。一般情况下，正常被试者的研究要注意被试者的年龄、性别、教育背景等，如表4-11所示。

对于任何参加实验的被试者，必须签署同意书，如果被试者年龄小于18岁则须取得其监护人的同意。

表4-11　被试者考量因素

考量因素	注意事项
年龄	成人被试者以18～40岁为一个年龄段
	大于40岁的被试者，一般以10年为一个年龄段
	2～18岁的被试者，以1～3年为一个年龄段
	小于2岁的婴幼儿被试者，以月为单位，如6、12、18个月
性别	在脑电实验中，性别对电生理测量具有较大的影响，实验中男女比例应该相近
教育背景	针对部分实验，由于被试者的教育背景不同，其认知能力与行为习惯有一定差别，须注意被试者是否具有相似的社会背景与受教育情况
利手	日常生活中惯用的手，分为右利手或左利手。在具有手动操作的实验中，不同的利手所完成任务的情况有较大的差别
其他因素	了解被试者的药物使用情况，确保不会影响实验认知过程
	被试者在实验前24h内不能饮酒或服用药品

4.3.2.3　儿童被试者注意事项

儿童的脑波正处于发展阶段，易受到内外各种因素的影响，因此在对儿童进行实验时须格外注意（表4-12）。

表4-12　儿童被试者注意事项

考虑因素	注意事项
发育情况	小于2岁的婴幼儿第二信号系统发育尚不完善，不宜以语言为刺激材料
	学龄前儿童（3～6岁）不识字，不宜以字、词等为刺激材料
	在以声、光为刺激材料时，必须考虑不同月龄儿童视感知与听感知的发育水平
实验时长	刺激程序时间的设计过长，儿童不能坚持完成实验，须以能完成最少叠加次数且获得最佳波形为宜
儿童情绪	由于儿童不理解脑电实验，所以多半带着紧张甚至恐惧的心情来到实验室。须提供一个安静、愉快的环境，使受试儿童进入放松状态
佩戴电极帽	3岁以上的儿童，原则上可用国际10-20标准电极安放法安放电极，或应用电极帽（有适用于不同头颅大小儿童的电极帽），婴幼儿可适当减少电极数

4.3.3　环境设置

由于脑电实验的特殊性，在实验环境的设置上须注意以下三点以排除环境因素对实验的干扰。

4.3.3.1　场地

脑电实验室设置须注意以下几点（表4-13）。

表4-13　实验室设置要点

注意要点	具体要求
噪声	脑电实验应在安静的区域内进行，实验室须具备防噪声功能，实验室可启用隔声设备等
信号干扰	实验室须尽可能远离变压室、电疗室、放射科等其他使用大电流的地方，以防止外部信号对实验造成干扰

续表4-13

注意要点	具体要求
其他	实验室须有良好的通风环境与适宜的温度，有助于被试者处于平缓放松的状态。还须保持实验室处于干燥环境，以免仪器受腐蚀或发生漏电现象
	实验室须有良好的接地，从而减少对脑电实验的干扰

4.3.3.2　照明

实验室应具有良好的照明条件，并能够进行光线调节，可安装几盏照度不同的灯，根据实验需要进行调节。同时，实验室需要配备一定遮光设备。

4.3.3.3　屏蔽

在实验进行过程中，记录生物电信号的同时，有时会混入一些从干扰源而来的干扰电压，如表4-14所示。因而，实验室须配备屏蔽室，将静电或电磁干扰隔离开，屏蔽方法含静电屏蔽、电磁屏蔽和磁屏蔽三种。

表4-14　干扰源类型

干扰源类型	干扰因素
设备外部干扰	放电噪声、电开关的通断产生的噪声、无线电设备辐射的电磁波等
设备内部干扰	如交流波、寄生震荡、不同信号之间的感应等

4.4　脑电实验操作流程

实验操作以可穿戴的无线脑电系统Enobio为例，实验设备清单如表4-15所示。同时须准备附属物品，如棉签、胶纸、酒精棉球、磨砂膏、剪刀、纸巾等。

表4-15　脑电实验设备清单

设备名称		设备图片	备注
NE 脑电设备	脑电帽		通道数：8、20、32 采样率：500Hz
	电源收集器		1个
	NIC系统笔记本电脑		1台

续表4-15

设备名称		设备图片	备注
NE脑电设备	传感数据线		1个
	湿电极		8个
	导电膏		250g
	X弯形注射器		1个
MacBook Air笔记本电脑			尺寸：13英寸；屏幕分辨率：1920×1080

4.4.1 实验准备

4.4.1.1 连接实验设备

①实验人员进入脑电实验室，打开实验室工作电源，并启动脑电设备，如图4-3所示。

图4-3 启动脑电设备

②连接脑电设备，如图4-4所示。

图4-4 连接脑电设备

③打开脑电系统，建立一个新的实验项目并给项目命名，如图4-5所示。

④在脑电系统中调整参数，如图4-6所示。

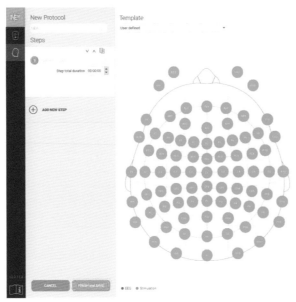

图4-5 创建新的实验项目

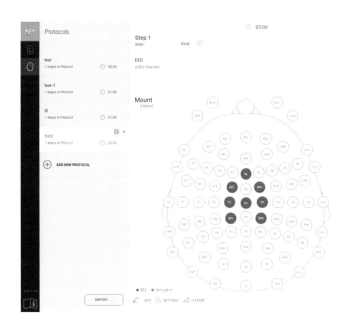

图4-6　调整参数

⑤准备导电膏，加热搅拌后将导电膏装入注射器，如图4-7所示。

图4-7　装入导电膏

4.4.1.2　安排被试者

①被试者进入实验室填写知情同意书，如图4-8所示。同时，主试者向被试者介绍实验目的、步骤以及过程中的注意事项，如实验过程中尽量不要眨眼、保持身体不动等。

图4-8　填写知情同意书

②被试者在实验前洗三四次头，并将头发吹至半干。

③使用磨砂膏给被试者前额、眼下、耳后进行去角质，便于脑电检测。如图4-9所示。

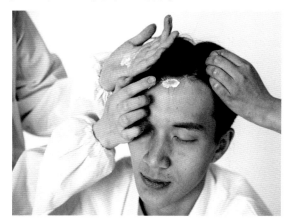

图4-9　给被试者去角质

④选择合适尺寸的电极帽并为被试者佩戴，如图4-10所示。由前向后佩戴，确认Cz点的位置是否正确，将电极帽前后调整，保证中线电极与头皮矢状线一致，最终使电极帽端正、紧密地戴在头上。

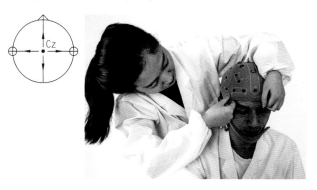

图4-10　佩戴电极帽

⑤注射导电膏，直至屏幕上的圆点全部变为绿色，并在系统中设置理想电阻值（0~5000Ω之间），如图4-11所示。

与电脑屏幕保持55~65cm，如图4-12所示。

图4-11 注射导电膏

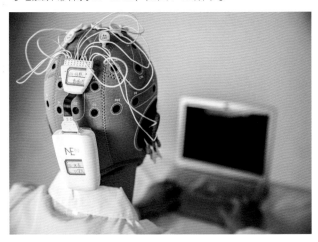

图4-12 被试者座位调整

注射导电膏时每个电极注射约0.5mL即可，以防导电膏外溢而导致电极间的串联。注射导电膏须尽可能在短时间内完成。

⑥请被试者以舒服的姿势就座，主试者可调整座椅高度，使被试者目光正视屏幕，双手自然放在键盘上，眼睛

⑦在脑电系统中建立被试者数据文档。

4.4.2 实验运行

4.4.2.1 预实验

①主试者点击脑电系统中的"记录"按钮开始记录，如图4-13所示。

②打开预实验材料，被试者阅读指示语，理解内容后

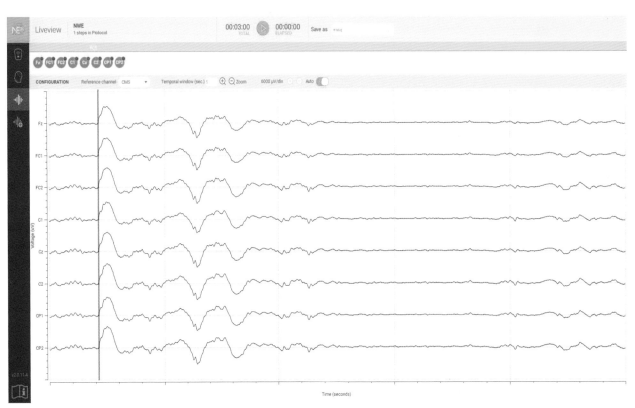

图4-13 记录预实验数据

点击触发器开始预实验，如图4-14所示。

图4-14　被试者阅读指示语

③被试者观看一组非正式实验材料，观看结束后点击按钮结束记录，如图4-15所示。

④主试者观察被试者预实验中的眼动、头动等反应情况并进行调整，无特殊情况后进入正式实验。

4.4.2.2　正式实验

①主试者点击脑电系统中的"记录"按钮开始记录，如图4-16所示。

②打开正式实验材料，被试者阅读指示语，理解内容后点击触发器开始正式实验，如图4-14所示。

③被试者依次观看实验材料直至播放完毕，屏幕出现"谢谢"表示实验结束，如图4-17所示。

④点击结束记录按钮，存储该被试者的实验数据，如图4-18所示。

4.4.3　实验结束

4.4.3.1　摘除设备

①摘除电极帽（图4-19），给被试者清洗头皮，并给被试者参与费用。

②找到被试者实验数据并进行数据备份。

③重复上述步骤直至所有被试实验完毕。

4.4.3.2　整理实验室

①关闭脑电设备，将脑电设备归至原处，如图4-20所示。

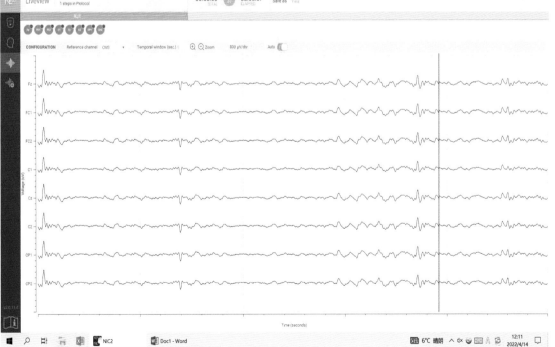

图4-15　结束预实验记录

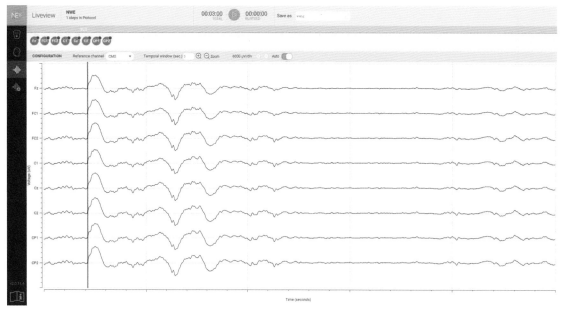

图4-16 记录正式实验数据

图4-17 被试者观看实验材料

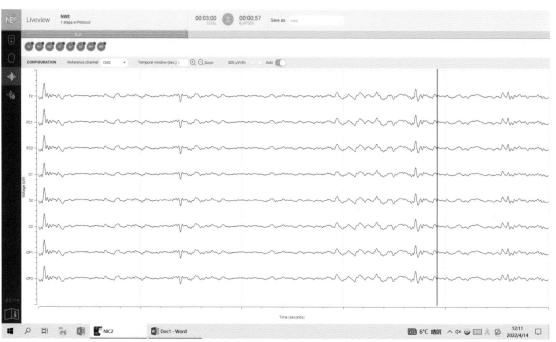

图4-18 结束正式实验记录

图4-19 摘除电极帽

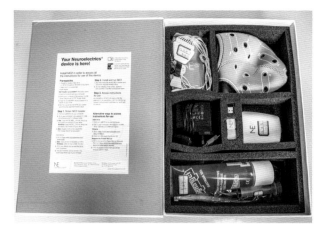

图4-20 脑电设备整理

关闭设备时以关闭采集器——关闭系统——关闭控制盒——关闭电源盒的顺序进行,以免造成仪器烧毁。

②清洗电极帽、针管、毛巾等实验物品,并整理实验室。

电极帽用冷水浸泡10min后冲洗干净,不可用力揉搓。导电膏溶于水后,将于通风处吹干或用吹风机吹干。

③填写实验记录,完成后关闭实验室电源并锁门离开。

实验记录内容包括被试者基本情况、实验中被试者精神状态、实验步骤记录、坏电极情况记录、数据处理中的问题记录。

脑点实验过程总结如图4-21所示。

4.5 脑电数据分析

4.5.1 数据预处理

脑电实验结束后会得到一段原始脑电数据,由于实验过程中可能存在干扰、记录了无用数据等,须对原始数据进行预处理,以帮助研究者更好地分析数据。

4.5.1.1 合并行为数据

行为数据指在脑电实验中被试者执行任务时的反应时间、任务正确率等。为有效地进行脑电数据和行为数据的合并,必须保证实验过程中脑电记录的完整性。可以在启动刺激材料呈现程序前,先存储一段时间的脑电数据,一方面可以保证行为数据的完整性,另一方面可以得到被试者的安静脑电数据,以便进行相关研究。

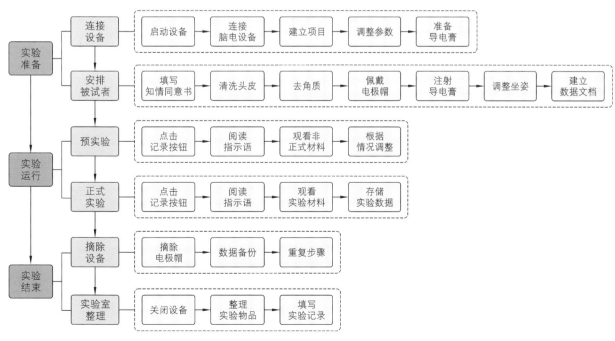

图4-21 脑电实验过程

4.5.1.2 伪迹数据处理

伪迹数据是由非起源于脑部的电活动干扰产生的数据，如50Hz的干扰、出汗、运动等，伪迹一般分为以下6类（表4-16）。

表4-16　脑电数据伪迹

伪迹类型	产生原因	伪迹图片
肌电伪迹（EMG）	头颈部肌肉的运动是产生脑电伪迹的主要原因之一。这种肌电伪迹的特点是频率快，幅值较高，常表现为连续性的各种频率的尖头脉冲，还可表现为密集爆发的尖头脉冲	
眼动伪迹（EOG）	眼睛就像一个充电的电池，其角膜表面一侧为阳性（＋），视网膜一侧为阴性（－），有很大的持续性电压。眼球运动时，会在脑电图上产生明显的偏转，这就是"眼动伪迹"。主要包括两种类型：水平眼动伪迹（HEOG）和垂直眼动伪迹（VEOG）	
出汗性伪迹	出汗会引起皮肤电阻改变，从而产生一种非常缓慢（0.2~0.5Hz）类似于基线漂移的电位活动，即出汗性伪迹。另外，出汗还会引起电极松动，形成非常缓慢的脑电波动	
血管性伪迹	脉搏波伪迹的电极位于一个随心脏跳动而搏动的血管附近，每次血流的冲击均能引起电极周围组织的轻微运动，每次心跳也使电极本身发生轻微的移动。伪迹的波动与脉搏同步出现，呈尖波样或大慢波样	
	心电伪迹则是指每次心脏收缩都伴随出现的心电图，呈现一种有规律的且与心跳一致的棘波样或尖锐样波，有时还可见到T波	
电极移动	任何电极在头皮上移动，甚至是轻微的移动都会引起伪迹的产生	
50Hz市电	脑电图伪迹还可能来自50Hz市电，这种伪迹可从头皮电极检出，特别是电极电阻很高的时候。高电阻是因为头皮上未被清除的油脂脏污或死亡皮肤所引起的电极接触不良	

脑电伪迹可根据以下几种方法进行处理（表4-17）。

表4-17　脑电数据伪迹处理

伪迹类型	处理方法
眼动伪迹	找到眼动电位的最大值，构建一个平均伪迹反应，点对点地从EEG中减去EOG
	ICA去眼电，纠正眨眼或眼动带来的肌电影响
50Hz和其他伪迹	使用滤波器以消除50Hz或高频信号的干扰

4.5.1.3 脑电分段

脑电分段指对连续记录的原始脑电数据进行分段，以便更好地分析相关刺激材料的数据。分段时程的选择，以刺激开始前为起点，刺激结束后为终点，即每段为刺激前100ms到刺激后600ms。

4.5.1.4 基线矫正

基线矫正的作用是消除脑电相对于基线的偏离。一般来说，是将刺激前的某个时间段的脑电进行基线矫正，作为基础值，将刺激后的电位与该基线相减，得到新的电位值，如图4-22所示。

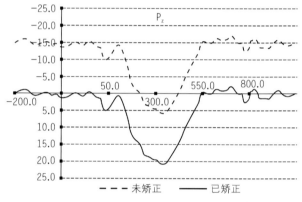

图4-22　基线矫正示例图

4.5.1.5 叠加平均

根据研究目的和需要可以进行时域特征或频域特征的叠加，消除脑电信号中的随机噪声，从而得到形态各异的脑电波形。

4.5.2　数据分析方法

脑电实验数据的分析方法包括时域分析、频域分析等，如表4-18所示。

表4-18　数据分析方法含义

分析方法		方法含义
传统分析方法	时域分析	分析脑电波幅随时间的变化情况，时域分析的优点在于计算简单、快速，由于不需要进行滤波处理，有更高的时间精度和准确性
	频域分析	分析脑电信号各频段的频谱能量值分布，对各被试者、各通道、各分段的脑电信号做傅里叶变换，得到各个频率点上的能量
现代分析方法	非线性时间序列分析	用已知的数据序列重构系统的动态空间，对重构的动力学系统进行特性分析和刻画
其他分析方法	时频分析	包含时域分析与频域分析。通过对脑电数据进行加窗处理，得到时频图。其横轴代表时间，纵轴代表频率，每个时间频率所对应的点代表power值
	独立分量分析	以非高斯信号为研究对象，在独立性假设的前提下对多导观测信号进行盲源分离

其他实验操作

5.1 心电实验

5.1.1 心电实验目的

心电实验是一种测量人在接收信息或进行肢体动作时，心肌细胞所产生的动作电位的实验。心电实验原理如图5-1所示。心电实验最初用于临床医学，通过心电图诊断病人心脏功能状态。而随着研究的深入，目前心电实验还能够应用于情感识别、驾驶心理等领域，以心率变异性等指标作为评价标准，分析被试者的心理活动。

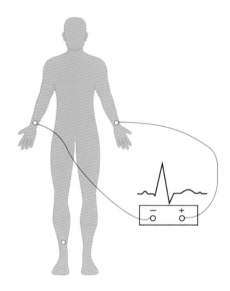

图5-1 心电实验原理

5.1.2 心电实验仪器

心电信号可以通过专业心电采集设备或多导生理仪进行采集，如表5-1所示。

表5-1 心电采集设备分类

采集设备	代表产品	硬件优势	图片
多导生理仪	生理反馈仪TT	可测肌电、心电、脑电、皮电等多种生理信号指标，普通通道采样率≥256Hz、高速通道采样率≥2048Hz	
	MP150系统	最大60个通道显示；可进行数字滤波；可计算多种数据，资料文件可长期保存。采样率300KHz	

续表5-1

采集设备	代表产品	硬件优势	图片
专业心电采集设备	心率变异性检测仪	操作过程3~5min，多模式可选。无创非侵入性检测，无辐射。可提前评估、测量多种身体及心理疾病	
	"山人"心电带beat20	提供动态心率、静息心率、实时心电、24h连续心率监测，超过心率阈值振动警告，防止过度训练及运动风险	

5.1.3 心电实验流程

实验操作采用生理反馈仪TT，设备清单如表5-2所示。

表5-2 生理反馈仪设备清单

设备名称	设备图片	备注
主机盒		1个
生理反馈仪TT	BioGraph Infiniti系统笔记本电脑	1台
TT-USB		1个

续表5-2

设备名称	设备图片	备注
生理反馈仪TT	传感器	若干
	四肢传感器	若干
	数据线	1个
	电极	若干
MacBook Air 笔记本电脑		尺寸：13英寸；屏幕分辨率：1920×1080

5.1.3.1　选择被试者

心电实验在挑选被试者时首先须考量性别、年龄等常规因素，如表5-3所示。

表5-3　被试者考虑因素

考虑因素	注意事项
性别	女性心率普遍高于男性心率
年龄	3岁以下儿童心率常在100次/min以上
	成人普遍心率为60～100次/min
	老年人对比成人心率偏慢
体型	肥胖者心率普遍高于体型较纤瘦者心率

5.1.3.2　实验运行

①布置场地。实验室内进行实验须调节室内光照、温度、座椅、桌子等，设置适宜的实验环境。

②连接设备。光纤线连接TT-USB与编码器，USB数据线连接TT-USB与计算机，使用电极线将传感器插入其相对应的物理通道，设备连接如图5-2所示。

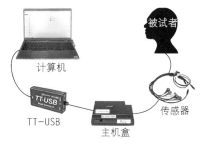

图5-2　设备连接流程图

③参数设置。打开配套软件的编辑开发工具软件程序，选择通道进行设置或直接进入数据呈现方式的选择，如图5-3所示。

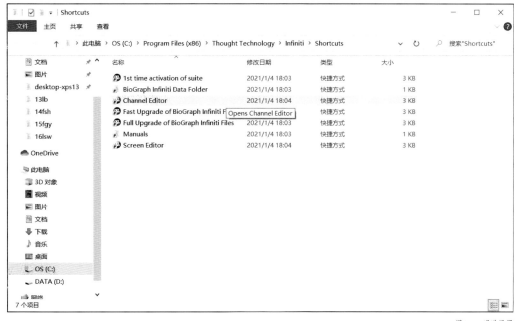

图5-3　通道设置

选择通道后进入主界面并选择数据呈现方式，如图5-4所示。

选择数据源后出现数轴图（图5-5），设备准备完毕。

④安排被试者。被试者进入实验室，主试者为其讲解注意事项，被试者填写知情同意书。

主试者用酒精擦拭被试者贴电极片的皮肤区域，随后涂抹导电膏，粘贴电极片。标准导联方式如表5-4所示。

表5-4　电极导联方式

导联类型	连接方式
Ⅰ导联	左上肢与正极相连，右上肢与负极相连，右脚接地
Ⅱ导联	左下肢与正极相连，右上肢与负极相连，右脚接地
Ⅲ导联	左下肢与正极相连，左上肢与负极相连，右脚接地

被试者选择舒适坐姿就座，调整座椅高度，使其目光正视屏幕，眼睛与电脑屏幕保持55~65cm。

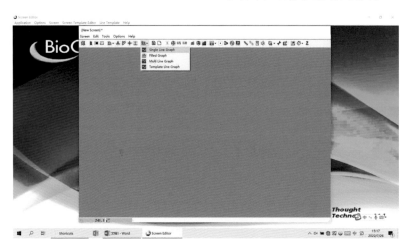

图5-4　软件主界面

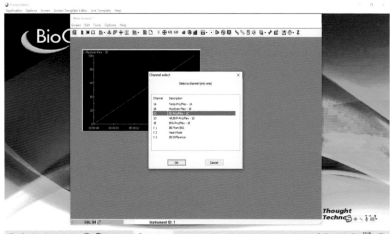

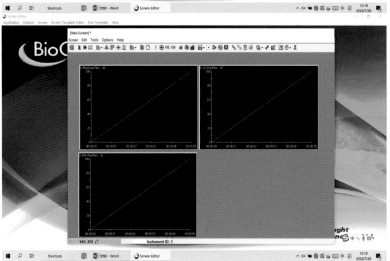

图5-5　数轴图

主试者打开配套软件的反馈主程序系统，点击采集数据，建立被试者数据文档。

⑤正式实验。进入采集界面后主试者点击绿色播放标志（图5-6），开始进行数据采集。

被试者根据提示语观看实验材料或完成规定动作。

被试者完成实验任务后，主试者点击"停止"键，并命名保存实验数据，如图5-7所示。

⑥实验后整理。主试者为被试者摘除电极片，可给被试者发放小礼物或酬劳。

回到主界面，点击回放数据，选择数据库并导出到电脑，如图5-8所示。

关闭设备并归放至原处，整理好实验室后关闭电源，锁门离开。

5.1.4 心电实验数据分析

5.1.4.1 数据预处理

心电信号极为微弱，易受到各种噪声干扰，一般分为基线漂移、工频漂移和肌电干扰，如图5-9所示。

为提高数据分析结果的准确性，须对噪声干扰进行适当的滤除，目前常用的去噪方法有以下几种（表5-5）。

表5-5 心电去噪方法

去噪方法	方法含义
形态滤波	由数学形态学中发展出来的一类非线性滤波技术，以积分几何、集合代数和拓扑论为理论基础，可以用于检测图像中指定的特征
维纳滤波	以均方误差最小为准则解决最佳线性过滤和预测问题
卡尔曼滤波	一种利用线性系统状态方程，通过系统输入输出观测数据，对系统状态进行最优估计的算法
自适应滤波	利用前一时刻获得的滤波结果，自动调节现时刻的滤波器参数，以适应信号和噪声的未知特性，从而实现最优滤波
小波阈值滤波	对信号进行小波分解，如果噪声能量明显小于信号能量，则选择一个合适的阈值处理小波系数，把低于阈值的小波系数设为零，高于阈值的小波系数予以保留或收缩

5.1.4.2 数据分析方法

心电实验数据的分析方法一般有心率变异性分析、方差分析等，如表5-6所示。

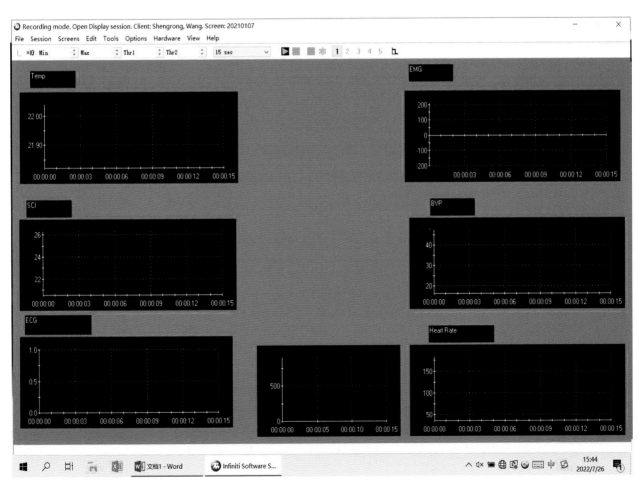

图5-6 记录实验数据

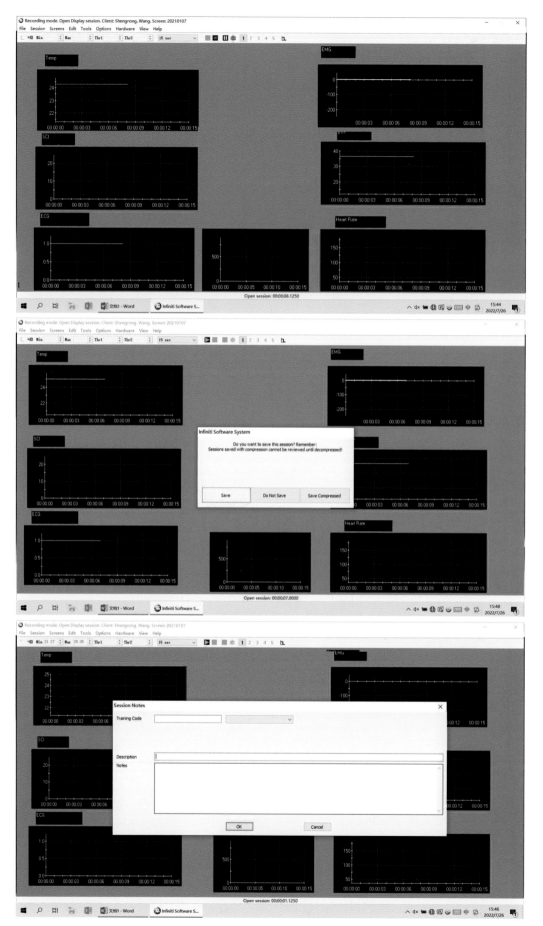

图5-7 保存实验数据

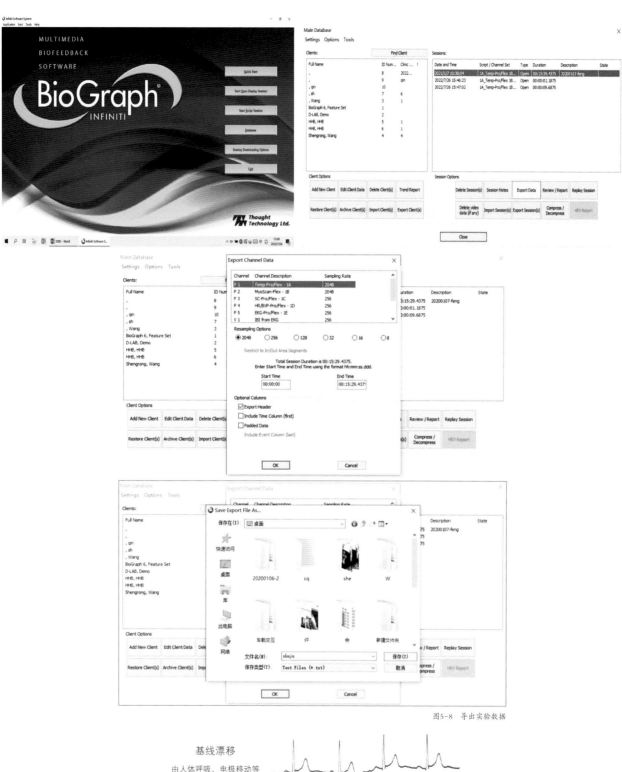

图5-8　导出实验数据

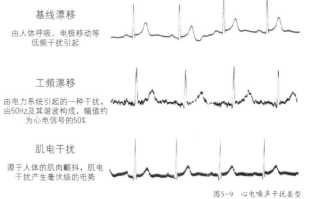

基线漂移

由人体呼吸、电极移动等
低频干扰引起

工频漂移

由电力系统引起的一种干扰，
由50Hz及其谐波构成，幅值约
为心电信号的50%

肌电干扰

源于人体的肌肉颤抖，肌电
干扰产生毫伏级的电势

图5-9　心电噪声干扰类型

表5-6　数据分析方法

分析方法	方法含义
心率变异性分析	时域分析法：通过统计学离散趋势分析法计算RR间期变化的统计学方法，主要包括统计学分析和几何图形分析
	频域谱分析法：将随机变化的RR间期或瞬时心率信号分解为多种不同能量的频域成分进行分析，可以同时评估心脏交感和迷走神经活动水平
方差分析	单因素方差分析：研究一个控制变量的不同水平是否对观测变量产生显著影响
	多因素方差分析：研究两个及两个以上控制变量是否对观测变量产生显著影响
	协方差分析：将人为很难控制的控制因素作为协变量，并在排除协变量对观测变量影响的条件下，分析控制变量（可控）对观测变量的作用，从而更加准确地对控制因素进行评价

表5-7　肌电采集设备分类

采集设备	代表产品	硬件优势	图片
专业肌电采集系统	Noraxon UltiumEMG 无线表面肌电仪	采样率高达4000Hz、高降噪比、防汗设计	
多导生理仪	生理反馈仪TT	可测肌电、心电、脑电、皮电等多种生理信号指标，普通通道采样率≥256Hz、高速通道采样率≥2048Hz	

5.2　肌电实验

5.2.1　肌电实验目的

肌电实验是一种记录肌肉组织收缩而产生的肌电信号的实验。大脑运动皮层产生动作电位，经由脊髓及周围神经系统到达肌肉纤维，最后经过皮肤的低通滤波作用在皮肤表面形成电势场（图5-10）。肌电信号与肌肉活动密切相关，它超前于肌肉力，在肌肉收缩前已经可以检测，故可用于感知运动、分析运动意图等。当前，肌电信号实验已应用于假肢控制、肌肉功能评估、运动康复、疾病诊断等领域。在VR交互场景，肌电信号也能替代手势完成虚拟的控制。

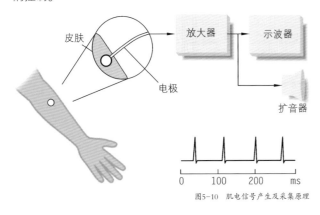

图5-10　肌电信号产生及采集原理

5.2.2　肌电实验仪器

肌电信号可以通过专用的肌电采集系统或多导生理仪进行采集（表5-7），其采集技术的步骤包括引导、放大、滤波和模数转换等。

其中，肌电信号的引导由肌电电极完成，是肌电采集技术中极为关键的一环。

从是否需要入侵被检肌肉的角度，肌电电极可分为侵入式的针式肌电电极与非侵入式的表面肌电电极两类，针式肌电电极插入人体肌肉深处，稳定地与肌肉纤维接触，这种方式采集的信号具有高信噪比，但会对人体的肌肉组织造成损伤，不适合长时间采集。表面肌电电极是在人体皮肤表面贴放电极，采集的信号虽然微弱，但是因为它的无创性，被广泛应用于多个领域。表面肌电电极又分为高密度电极和稀疏电极，其中，高密度电极操作方便，在贴放电极时不用考虑电极的具体位置，且能环绕在整块肌肉上，信号通道数多，信息丰富，识别度高；但其在采集过程中容易出现移动或损坏，对识别性能产生影响，处理的数据量大，导致算法的计算时间延长。

5.2.3　肌电实验流程

5.2.3.1　选择被试者

肌电实验在挑选被试者时首先须考量性别、年龄等常规因素，若是要针对病患等特殊人群还应该注意更多因素，如表5-8所示。

表5-8　选择被试者的注意事项

被试人群分类	考虑因素	注意事项
普通人群	性别	男女肌肉组织的功能和作用虽然一样，但是普遍来讲男性肌肉要比女性的要发达，所以在做肌电实验时要考虑到男女肌肉差异，两者都需要参考
	年龄	肌肉组织在24～30岁会达到最佳状态，30岁以上非健身人群的肌肉纤维数量会减少，力量减弱，因此在年龄的选择上也须根据实验目的进行考虑
	专业性	若是专业体育运动类项目需要考虑到专业性和非专业性

续表5-8

被试人群分类	考虑因素	注意事项
特殊人群	脑卒中等疾病患者	距离上一次发病超过14天，生命特征稳定、意识清醒（实验前一个小时需要临床诊断评估）
	肌肉神经损伤患者	待测肌肉具备一定程度的主动运动能力、无严重肌痉挛情况，无其余神经肌肉系统疾病

5.2.3.2 实验运行

实验运行部分与5.1.3心电实验的相同。

肌电实验粘贴电极时，主试者首先用酒精擦拭被试者贴电极片的皮肤区域，随后涂抹导电膏，顺着肌肉纤维方向将电极片贴附于待测肌肉的皮肤表面，并用肌肉贴、绑带等加以固定，如图5-11所示。

肌电信号的正值与负值对称，在肌电信号窗口的显示方式上设置为正负极对称，如图5-12所示。

5.2.4 肌电实验数据分析

肌电信号指标分析可从信号的时域、频域和时频域角

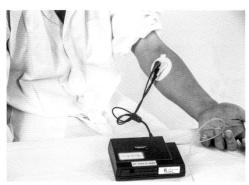

图5-11 粘贴电极

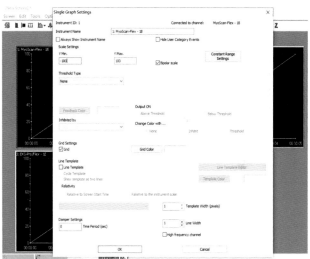

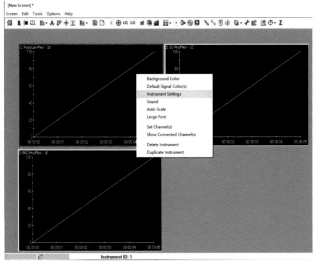

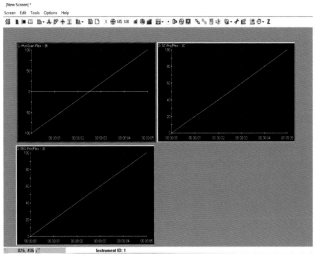

图5-12 肌电信号窗口正负极设置

度出发，不同角度的分析方法如表5-9所示。

表5-9　实验数据分析方法

角度	分析方法	特征
时域 （TD）	平均绝对值（MAV）	时域特征主要是以窗函数的方式，计算信号在固定长度下的统计信息。在固定的窗长下，时域特征的计算速度很快，但是容易丢失信号的频域信息，且还易受到不同个体间肌肉收缩程度不确定性的影响
	积分肌电值（IEMG）	
	均方根值（RMS）	
	波形长度（WL）	
	方差（VAR）	
频域 （FD）	平均频率（MPF）	频率特征多用于研究肌肉运动的激活状态，如肌肉收缩水平的变化、肌肉疲劳等
	中值频率（MDF）	
	频率比（FR）	
	FI	
时频域 （FTD）	短时傅里叶变换（STFT）	时频域特征融合了肌电信号的时域和频域特点，时频域特征的提取能避免时域和频率特征提取时，因假设肌电信号是短时平稳信号所带来的局限性。其中，短时傅里叶变换的时间窗是固定的，无法同时兼顾时间和频率尺度。但小波变换适用于非平稳随机信号，能较好地解决时域和频域中分辨率的问题
	小波变换（WT）	

数据分析可以通过MATLAB软件来进行，MATLAB是美国MathWorks公司出品的商业数学软件，用于数据分析、无线通信、深度学习、图像处理与计算机视觉、信号处理、量化金融与风险管理、机器人、控制系统等领域。

5.3　皮电实验

5.3.1　皮电实验目的

皮电实验主要测量人体受到刺激时皮肤电传导的信号变化，从而了解并剖析被试者行为。当人体受外界刺激或情绪状态发生改变时，其植物神经系统的活动引起皮肤内血管的舒张和收缩以及汗腺分泌等变化，从而导致皮肤电阻发生改变，如图5-13所示。当前皮电实验的目的主要分为两种，一种是剖析用户行为和情绪，从而优化交互设计流程，探寻最优的交互设计情感模型。另一种是作为一种易于获取的基本生理信号，可以很好地量化情绪反应，已被广泛应用于情感识别研究中。

5.3.2　皮电实验仪器

皮电信号可以通过专业皮电采集设备或多导生理仪进行采集，如表5-10所示。

表5-10　皮电采集设备分类

采集设备	代表产品	硬件优势	图片
专业皮电采集系统	EP602皮肤电测试仪	依靠直流电压法，在人体构成的回路中产生一个电流传导，可以实时记录皮肤电的变化	
	BD-II-606皮肤电测试仪	显示皮肤电的实时变化的数值与图形，可显示120s内的皮肤电变化图形	
多导生理仪	生理反馈仪TT	可测皮电、心电、脑电、肌电等多种生理信号指标，普通通道采样率≥256Hz、高速通道采样率≥2048Hz	
	BIOPAC MP150型16通道多导生理记录仪	可测皮电、心电、脑电、肌电、神经电位等多种生理信号指标，在线或离线数字滤波功能可对原始信号进行抗干扰处理，通过放大器选择增益，采样率可高达400kHz	
智能穿戴传感器	ErgoLAB可穿戴手指组合传感器	支持测量皮肤电、血容量脉搏、皮肤温度数据、心率以及9轴人体姿态数据，具有传感器集成、高精度、无线便携的特点，可全面准确地检测多项生理数据	

5.3.3　皮电实验流程

5.3.3.1　选择被试者

皮电实验在挑选被试者时首先须考量其性别、皮肤干燥水平、个性特征等常规因素，如表5-11所示。

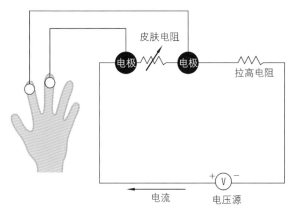

图5-13　皮电实验原理图

表5-11 选择被试者的注意事项

考虑因素	注意事项
性别	男性皮肤角质层偏厚，相较于女性，男性的皮电信号较弱
皮肤干燥水平	皮肤偏干燥的被试者皮电信号较弱
个性特征	被试者内向，情绪不稳定，则皮电信号较强；被试者外向，心态平衡，则皮电信号较弱

5.3.3.2 实验运行

实验运行部分与5.1.3心电实验的相同。

皮电实验粘贴电极方式与肌电实验相同。皮电电极测量部位分为三种，如表5-12所示。

表5-12 电极测量部位

测量部位	连接方式	
手指	当被试者手是静态的，通常将电极连接在非优势手的食指与中指上	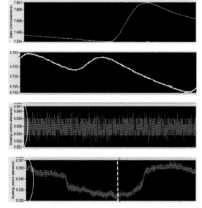
手掌	当被试者必须使用双手（如操作键盘），通常将电极粘贴在手掌鱼际和小鱼际两点	
脚部	当被试者必须频繁地使用手进行操作，通常将传感器连接到脚的内侧	

5.3.4 皮电实验数据分析

5.3.4.1 数据预处理

皮电信号同其他生理信号一样，易受到各种噪声干扰，如高频噪声等，不同皮电数据质量类型如图5-14所示。

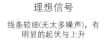

理想信号
线条较细（无太多噪声），有明显的起伏与上升

高频噪声信号
线条较粗，但总体起伏还是比较明显

无信号
线条特别粗且数值在0左右，无起伏

低振幅信号
线条粗且数值在0左右，但有些许起伏

图5-14 皮电数据质量类型

为提高数据分析结果的准确性，首先对原始皮电信号进行降采样处理。降采样即减少单位时间中采集样本的数量，如果皮电数据以100Hz进行采集，则可以将采样频率降至10Hz或更低。

降采样完成后则可对实验数据进行滤波去噪处理，目前常用的去噪方法与心电信号去噪方法一致（表5-5）。

5.3.4.2 皮电信号特征提取

皮电信号具有多种特征，不同的特征包含不同的信息，一般分为时域特征、频域特征、时频域特征和非线性特征四种，如表5-13所示。

表5-13 皮电信号特征提取

皮电信号特征	特征含义
时域特征	基于皮电信号的波形进行相应的特征提取。一般提取其统计特征，包括均值、均方差、中位数、标准差、最大值、最小值、一阶差分等
频域特征	利用皮电信号的频谱信息（如不同频率上的振幅或相位）进行特征提取，包括功率谱密度、功率谱和中值频率。可通过离散傅里叶变换、非参数功率谱密度和基于参数自回归模型的频谱三种方法提取
时频域特征	时域与频域信息的结合，可以描述信号在一段时间内的频率内容。一般通过小波变换、短时傅里叶变换的方法提取
非线性特征	皮电信号具有非线性、非平稳的特性，包括近似熵、样本熵、李雅普诺夫指数、关联维等非线性参数，可通过小波包变换、熵方法等方法提取

5.3.4.3 数据归一化

皮电信号特征提取完成后，即可进行数据归一化。数据归一化指将所有的数据映射到同一尺度，包含最值归一化与均值方差归一化两种方法，如表5-14所示。

表5-14 数据归一化方法

数据归一化方法	方法含义
最值归一化	把所有数据映射到0～1之间。适用于数据分布有明显边界的情况，受outliner影响较大
均值方差归一化	把所有数据归一化到均值为0、方差为1的分布中。适用于数据分布没有明显的边界，有可能存在极端的数据值的情况

5.4 问卷设计

问卷是研究中用来收集资料的一种调查方法。调查者根据调查目的，按照一定的方法设计若干问题，形成问卷并通过多种渠道发放。根据调查对象的答案可衡量人们的行为、态度等，为研究内容提供标准化和统一化的数据。

5.4.1 问卷设计目的

通过设计出符合调研与预测的并能获取足够、适用和准确的信息资料的调查问卷，使研究者收集到最准确、最有利用价值的信息。问卷设计的目的和所需要解决的问题之间应当有直接的联系，目的要定得非常明确、有针对性。当明确调查目的后，问卷设计可采用更直截了当的提问方式，以更简洁明了的语言表达。

5.4.2 问卷基本原理

5.4.2.1 问卷的类型

问卷根据不同的方法，可划分为不同的类型，如表5-15所示。

表5-15 问卷的类型

划分方法	问卷类型	
问题答案类型划分	结构式问卷	封闭式结构：调查对象根据已有的备选答案进行选择
		开放式结构：无参考答案或选项，调查对象自由回答问题
		半封闭式结构：既确定备选答案，也需调查对象自由回答
	无结构式问卷	一种不具严谨结构、不需设计一定格式的问卷，仅与研究的主题相配合
填答方式划分	自填式问卷	由调查对象自己填写的问卷
	访问式问卷	调查者按照统一设计的问卷向调查对象提问，并根据调查对象的口头回答来填写的问卷
调查方法划分	面访调查问卷	由调查者面对面提问，并在纸质问卷或电子问卷中记录调查对象的回答内容
	电话调查问卷	调查者通过电话提问并提供备选答案，记录调查对象的回答内容
	邮寄调查问卷	调查者将问卷邮寄给调查对象，并提供填写说明等附加内容，调查对象填写完成后寄回
	网络调查问卷	调查者将问卷发布于互联网上，调查对象通过互联网填写并提交问卷
	定性调查问卷	调查者通过小组座谈方式等进行调查问卷的提问

5.4.2.2 问卷的结构

一份完整的问卷通常包含问卷标题、问卷说明、填写说明、调查对象基本资料、问卷主体内容、问卷结束语6个部分，如表5-16所示。

表5-16 问卷的结构

问卷结构	内容		
问卷标题	对调查主题的高度概括，表述应简明扼要，点明调查目的		
问卷说明	包含问卷调查的主题、内容、目的、意义、用途、调查机构、调查时间等，指出本次调查会遵循保密性原则		
填写说明	对填写要求、方法、注意事项等进行总结的说明，分为单独成册、置于问卷封面、置于问题前后三种形式		
调查对象基本资料	包含调查对象的自然属性，如性别、年龄；社会属性，如职业、政治面貌等		
问卷主体内容	问题	开放型问题	填空式问题：要求答案简洁，便于记录整理
			自由回答式问题：题型复杂，多用于小组座谈会、深度访谈法等定性调查
		封闭型问题	二项选择式问题：又称是非式，只含两种备选答案
			多项选择式问题：含三个及以上备选答案，调查对象根据要求从中选择一个或几个备选答案（答案之间平等无差异）
			排序式问题：调查对象根据要求将备选答案按某标准进行排序
			矩阵式/表格式问题：多个问题的备选答案相同
			配对比较式问题：含一系列二项选择式问题，要求调查对象二者选其一，获得两两对比的答案
			量表：指通过打分或评定等级的方式测量，分为李克特量表、寓意差别量表、斯塔普尔量表等
	编码		给问卷中每个问题以及备选答案赋予数字、字母或符号代码，将文字信息转为数字、字母代码，便于计算机处理分析
	提示		针对某些特殊情况对调查对象作出的提醒
问卷结束语	用于提醒调查对象问卷已结束，并感谢调查对象的配合与支持		

5.4.2.3 问卷设计原则

问卷的质量决定调查结果的质量，因此，在进行问卷设计时一般遵循以下五个原则。

（1）目的性原则

目的性原则是衡量问卷有效性的重要准则。问卷设计的根本是设计出紧密反映调查目的的问卷，从而保证获取足够、适用和准确的数据。因而在问卷设计中，问题须紧密反映调查目的。

（2）人性化原则

人性化原则表现在问卷措辞与问卷长度两个方面。问卷措辞指问卷中的语义表述，在问卷设计中应尽量减少专业、生僻词语的使用，避免不必要的回答或填报困难，引起调查对象的反感。问卷长度应适宜，问卷所搜集信息应与调查方法相适应，如面访、电话调查等方法，不宜使用过长的问卷。

（3）简明性原则

简明性原则指问卷内容简洁且安排得当。问卷中应避免使用模棱两可、含糊不清的措辞，保证提问清晰明确，便于调查对象回答。同时避免问题重复、问题过长等情况。

（4）逻辑性原则

逻辑性原则指问卷设计应有整体感，具体表现在三个方面。首先，问题与答案之间应为对应关系，避免答非所问；其次，避免问题与答案中出现诱导性话语；最后，问题设计应层层递进、环环相扣，问题由浅入深。

（5）创新性原则

创新性原则指在问卷设计中适当加入形式多样的表格、图形、图片等，增强问卷的吸引力，避免调查对象产生疲劳感。

5.4.3 问卷设计流程

5.4.3.1 准备阶段

（1）确定调查目的

调查目的是问卷设计的基础与前提，后续问卷题目的设计主要围绕目的展开。确定调查目的才能聚焦需要测量的概念与变量。

（2）确定调查对象

调查对象是调查的直接参与者，关系到问卷题目的表达方式。通过对调查目的的分析，能够确定调查对象的群体特征，包括生理特征、社会特征、文化特征、心理特征等，以便针对其特征来拟定问题。

5.4.3.2 设计阶段

（1）编写问卷大纲

问卷大纲包含概念、维度、指标和测量方式，是在研究框架、可操作性的基础上形成的，能够使研究问题更清晰、明确，问卷编写起来有章可循，思路更顺畅。

（2）设计问卷初稿

问卷大纲形成后，调查者可采用卡片法设计各个项目下具体问题和答案选项，并进行排序、修改、完善和排版，最后形成完整的问卷。

问卷设计可通过借鉴他人问卷、收集他人意见进行编写与修改，收集他人意见的方式分为三种，如表5-17所示。

表5-17 收集意见方式

方式	内容
专题小组讨论	一般邀请5~8位异质性强且有丰富的问卷设计经验的小组成员进行专题讨论，发现问卷中存在的问题
专家评估	将问卷初稿给相关领域的专家或研究人员评审，提出修改意见
调查对象意见	在问卷后附一份意见调查表，或调查对象完成调查后进行问卷修改意见的相关访谈

5.4.3.3 发放阶段

（1）预发放问卷

预发放问卷是正式调查开始前的一次小规模试验性调查，即从调查对象总体中抽取部分个体（一般不超过50人），采用跟正式调查相同的手段填写问卷，进行问卷质量的评价，评价标准如表5-18所示。通过预发放问卷可以直接在调查中发现问题并及时修订问卷。

表5-18 评价标准

评价标准	标准含义
问卷是否具有较高的信度和效度	信度指对同一事物进行重复测量时，所得结果一致性的程度；效度指一个测量能够测量出所要测量特性的程度
问卷中的问题是否适合研究目的和内容	问卷所包含的问题与所研究内容的关系是否密切，相关程度越高，则问卷研究价值越高
问卷设计是否适合调查对象	通过调查对象填写问卷的态度与能力的差异，判断问卷是否适合调查对象
问卷中的问题是否少而精	高质量问卷中的每一个问题都是必要且概念明确、填答方便

（2）修订问卷

预发放问卷完成后，集中汇总问题，进行问卷修订。在预发放问卷的基础上修订后，可进行二次预发放，人数可少于初次预发放。通过二次预发放问卷，能够进一步发现并纠正问题。

（3）正式发放问卷

问卷经过反复检查、仔细修改过后，即可定稿并正式发放问卷。（完整问卷案例见附录）

5.4.4 问卷结果分析

5.4.4.1 数据分析思路

问卷数据分析有5种常见的思路，如表5-19所示。

表5-19　数据分析思路

分析思路	思路含义
影响关系研究	通过绘制模型结构框架，表述整体研究结构思路情况，分析某因素对某群体或某物的影响
聚类样本研究	将样本人群进行分类，对比不同类别人群的差异性
现状政策类研究	倾向于现状、态度的差异对比研究，以了解群体的基本认知、态度、观点意见或行为等
中介/调节效应研究	与影响关系研究类似，增加了中介或调节作用
"类实验"类差异研究	针对实验方法和问卷形式进行的关系研究

表5-20　数据分析方法

分析方法	方法含义
频数分析	通过对频数分布的分析，了解变量的取值情况及其分布特征
描述分析	对变量的分布特征进行分析，如集中趋势、分布形状等情况
交叉分析	通过编制交叉列联表，展现多变量的联合分布情况及变量之间相互影响的关系
相关分析	从数量方面研究两个或两个以上变量之间非严格的不确定的依存关系，并探讨有依存关系现象的相关方向及相关程度
比较均值分析	与交叉、相关分析类似，研究两个或两个以上变量间关系，适用于一个变量的值种类少，且另一个变量的值种类多或无限的情况
多元统计分析	分析多变量之间的关系，包含回归分析、聚类分析、判别分析、因子分析、主成分分析、logistic回归分析等

5.4.4.2　数据分析方法

问卷数据分析方法包括频数分析、描述分析等，如表5-20所示。

6

实验案例

6.1 眼动实验案例

以4个不同专业的眼动实验案例为例，为视觉传达设计、工业设计、交互设计、环境艺术设计4个专业方向的学生提供实验参考。

实验案例采用德国ERGONEERS公司研发的Dikablis Glass3眼镜式眼动设备，设备清单见表3-12。

实验在人机实验室内进行，实验室安静且具备防噪声功能。实验室内含有存放设备的可调节高度的固定桌椅，无其他干扰物品，灯光照明良好且可调节。

6.1.1 标志形态评价实验——以地铁标志为例

6.1.1.1 实验目的

本实验的目的在于对地铁标志形态进行评价，通过眼动轨迹图、热点图、总注视时间等眼动指标数据分析被试者在观看标志时的形态偏好，从而帮助设计者更好地进行设计。

6.1.1.2 实验被试者

本次实验共邀请在校大学生35名，其中男性17名，女性18名，年龄范围为22～27岁。所有的被试者视力或者矫正视力正常，无色弱与色盲等眼部疾病，能充分理解各项实验要求，具备良好的视觉感知能力和信息认知能力。

6.1.1.3 实验材料

选择30个地铁标志作为实验刺激材料。从所有的地铁标志中可以看出，目前地铁标志主要分为方形、圆形与异形三种形态，将30个地铁标志随机分为5组，按3×2的方式进行随机排列组合。所有标志进行去色处理，以排除颜色的干扰，同时，每个刺激材料中穿插1张中心带十字的白色图片。最终刺激材料如图6-1所示。实验材料随机呈现。

图6-1 眼动实验刺激材料

预实验材料选取6个常见的品牌标志，进行去色处理，按3×2的方式排列，如图6-2所示。

图6-2 预实验刺激材料

6.1.1.4 实验任务

实验中被试者须根据屏幕提示语进行实验操作，在确认理解实验任务后点击A键开始实验。被试者依次观看5张实验图片，每张图片停留15s，两张图片中的白色图片停留5s，如图6-3所示。

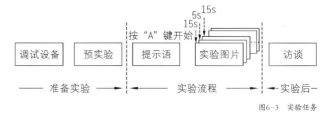

图6-3 实验任务

6.1.1.5 实验流程

（1）准备阶段

实验人员进入脑电实验室，启动并连接眼动设备，新建本次实验项目，如图6-4所示。

图6-4 启动连接眼动设备

被试者进入实验室，填写知情同意书，主试者向被试者介绍实验流程与注意事项。

主试者为被试者佩戴眼动仪，如图6-5所示。

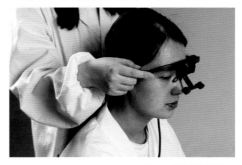

图6-5 被试者佩戴眼动仪

请被试者以舒服的姿势就座，主试者调整座椅高度，使被试者目光正视屏幕，双手自然放在键盘上，眼睛与电脑屏幕保持60~80cm。

主试者在眼动系统中建立被试者数据文档，锁定眼睛追踪范围，随后进行四角标定，如图6-6所示。

图6-6 进行四角标定

主试者进行手动校准，校准无误后进入预实验。

（2）预实验阶段

主试者点击记录按钮开始预实验记录，被试者先观看一组品牌标志（图6-7），主试者观测被试者观看标志过程中眼动追踪是否准确，检查无问题后开始正式实验。

图6-7 被试者观看预实验材料

（3）正式实验阶段

主试者点击记录按钮开始正式实验记录，被试者根据屏幕指导提示开始依次观看地铁标志材料(图6-8)，直至所有材料播放完毕。任务完成后，显示屏呈现"谢谢"二字，实验正式结束。

图6-8 被试者观看正式实验材料

主试者保存实验数据，并为被试者摘下眼动仪。

（4）实验后阶段

主试者与被试者进行一个简短的访谈。主试者询问被试者更偏向于哪种形态的地铁标志（图6-9）。随后主试者赠予被试者礼品，感谢被试者的参与。

图6-9 实验后访谈

6.1.1.6 实验数据分析

本实验采用5个眼动指标作为度量，包括：兴趣区浏览次数（NG）；单个兴趣区浏览次数在所有兴趣区浏览注视次数中的占比（GLP）；每秒浏览兴趣区注视次数（GR）；首次进入兴趣区的时间（TFG）；单个浏览时间大于2s的个数（NRG）。

实验得到三组综合眼动数据，如表6-1所示。

表6-1 实验眼动数据

标志形态	NG/次	NRG/次	GR/(次·s⁻¹)	GLP/%	TFG/s
圆形	3.6989	0.1075	0.4733	35.3606	2.2313
方形	3.3441	0.0968	0.4422	32.5257	2.1699
异形	3.2903	0.1183	0.4923	32.1137	2.2308

并构建原始数据矩阵：

$$\mathbf{X} = (x_{ij})_{n \times m} = \begin{bmatrix} 3.6989 & 0.1075 & 0.4733 & 35.3606 & 2.2313 \\ 3.3441 & 0.0968 & 0.4422 & 32.5257 & 2.1699 \\ 3.2903 & 0.1183 & 0.4923 & 32.1137 & 2.2308 \end{bmatrix}$$

最终得到各项眼动指标的权重值及排序（以Z_1、Z_2、Z_3等代表各项眼动指标），如表6-2所示。

表6-2 眼动评价指标权重

眼动指标类型	权重值	排序
兴趣区浏览次数（Z_1）	0.2154	3
单个兴趣区浏览次数占比（Z_2）	0.2176	2
每秒浏览兴趣区注视次数（Z_3）	0.1262	5
首次进入兴趣区的时间（Z_4）	0.3062	1
单个浏览时间大于2s的个数（Z_5）	0.1346	4

结合各指标权重与原始数据进行加权计算得分，形成三种标志形态排序（表6-3）。

表6-3　三种标志形态综合得分

标志形态	方案得分	排序
圆形	9.2481	1
方形	8.5307	2
异形	8.4573	3

由上表可知，三种标志形态的吸引度排序为：圆形＞方形＞异形。单个浏览时间大于2s的个数与每秒浏览兴趣区注视次数反映出异形能够吸引被试者对其进行观察，对比两种有轮廓的图形，外轮廓的限制会引导视线更集中于中心区域，从而识别速度更快，圆形标志图形浏览次数占比最高。因此，圆形是最具有视觉吸引度的标志形态。

6.1.2　产品造型评测实验——以游艇为例

本实验以论文《游艇关键造型特征的眼动追踪研究》[①]为参考进行案例展示。

6.1.2.1　实验目的

本实验的目的在于通过眼动追踪实验记录被试者在观看不同游艇形态时的眼动数据，并结合主观问卷探讨不同游艇的视觉认知规律，从而帮助设计者更好地进行设计。

6.1.2.2　实验被试者

本次实验共邀请在校大学生20名，其中男性10名，女性10名。所有被试者视力或者矫正视力正常，无色弱与色盲等眼部疾病。

6.1.2.3　实验材料

实验刺激材料为武汉理工大学艺术与设计学院毕业展中的6个游艇模型作品，分为大型游艇与小型游艇2种各3个，如图6-10所示。实验材料随机呈现。

6.1.2.4　实验任务

实验中被试者须根据主试者的提示依次观看6个游艇模型，直至所有游艇模型观看完毕，如图6-11所示。

6.1.2.5　实验流程

（1）准备阶段

准备阶段操作与6.1.1案例相同。

图6-10　眼动实验刺激材料

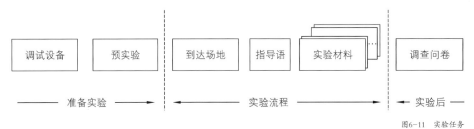

图6-11　实验任务

---

① 李淑红，孔鹏宇，窦如宏，等.游艇关键造型特征的眼动追踪研究[J].包装工程，2020，41（24）：91-97，117.

（2）实验阶段

主试者带领被试者到达实验场地，点击记录按钮开始正式实验记录。

被试者根据主试者的指导开始观看实验材料（图6-12），所有实验材料观看完毕后实验正式结束。

图6-12 被试者观看实验材料

主试者保存实验数据，并为被试者摘下眼动仪。

（3）实验后阶段

主试者与被试者进行一个简短的访谈，了解被试者的游艇造型偏好等信息。随后主试者赠予被试者礼品，感谢被试者的参与。

6.1.2.6 实验数据分析

本实验将兴趣区划分为船室窗户、船头甲板、跳水甲板、舱室舷窗、吃水线、艏艉侧线6个部分。根据眼动轨迹图（图6-13）与被试者在观看游艇时的先后顺序总结表（表6-4）可知，被试者在观看大小型游艇时首次注视位置一般为游艇中部，即游艇舱室舷窗，随后观看其他位置区域。

图6-13 眼动轨迹图

表6-4 游艇观看顺序

观看顺序	大型游艇	小型游艇
1	船室窗户	舱室舷窗
2	舱室舷窗	船室窗户
3	船头甲板	船头甲板
4	艏艉侧线	舷弧线
5	吃水线	艏艉侧线
6	跳水甲板	吃水线

对游艇类型进行单因素方差分析，结果如表6-5所示。根据表中数据可知，组间平方和为14379.730，组内平方和为139659.949，显著性数值为0.266，大于显著性水平0.05，被试者在不同游艇类型观看总时间上没有显著差异。游艇尺寸大小对受试者观看游艇造型的感性评价没有影响。

表6-5 游艇类型单因素方差分析

统计量	平方和	df	均方	F	显著性
组间（组合）	14379.730	2	7189.865	1.390	0.266
线性项对比	14311.250	1	14311.250	2.767	0.108
偏差	68.480	1	68.480	0.013	0.909
组内	139659.949	27	5172.59		
总数	154039.680	29			

对导出的5项眼动数据进行方差齐性检验（表6-6），由于显著性水平值小于0.05的眼动指标不能进行单因素方差分析，因此剔除平均注视点数这一眼动指标。对其余四个眼动指标进行单因素方差分析，结果见表6-7。各项眼动数据的显著性水平均小于0.05，表明这4项眼动数据与游艇造型方案评分相关。

表6-6 兴趣区眼动数据方差齐性检验

眼动数据	统计量	df_1	df_2	显著性
平均注视点数	12.809	2	57	0.000
瞳孔直径大小	3.964	2	57	0.052
总注视时间	2.712	2	57	0.075
眼跳到该区域次数	3.092	2	57	0.053
首视点持续时间	1.807	2	57	0.173

表6-7 眼动实验数据单因素方差分析

眼动数据	F	显著性
瞳孔直径大小	22.411	0.000
总注视时间	10.959	0.000
眼跳到该区域次数	10.252	0.000
首视点持续时间	10.248	0.000

通过对4项眼动数据进行回归分析（表6-8），得出结论：①平均瞳孔直径、首视点持续时间与被试者评分呈现负相关性，被试者在观看游艇造型特征时表现的瞳孔直径越小、首视点持续时间越往后，被试者对该造型特征的喜好程度越低。②眼跳到该区域次数、总注视时间与被试者评分呈现正相关性，被试者眼跳到该区域次数越多、对游艇某造型特征总注视时间越长，被试者对该造型特征的喜好程度越高。

表6-8 眼动实验数据回归分析

眼动数据	非标准化系数		标准系数	t	Sig.
	B	标准误差	试用版		
（常量）	−1.687	0.884		−1.908	0.062
平均瞳孔直径	−0.002	0.001	−0.077	−1.850	0.070
总注视时间	0.009	0.001	1.013	14.129	0.000
眼跳到该区域次数	0.033	0.056	0.031	0.593	0.556
首视点持续时间	−0.001	0.003	−0.032	−0.465	0.644

6.1.3 交互界面评价实验——以音乐类手机APP界面为例

本实验以论文《基于照明及眼动实验的冰箱操作界面优化设计》[1]和《基于眼动实验的手机音乐软件界面的可用性研究》[2]为参考进行案例展示。

6.1.3.1 实验目的

本实验的目的在于通过眼动实验评价音乐类手机APP的界面设计，根据被试者的注视时间、注视轨迹等眼动数据，分析不同音乐类APP界面设计的优劣，并归纳得出结论，为设计师提供界面设计方面的参考。

6.1.3.2 实验被试者

本次实验共邀请10名被试者，其中男女各5名，年龄区间为20～30岁。所有被试者视力或者矫正视力正常，无散光、色盲和色弱等眼疾。均有3年以上使用智能手机的经验，并有经常使用音乐类APP的习惯。

6.1.3.3 实验材料

本实验以iPhone11手机为软件载体，以手机上下载量较多的3个音乐类APP作为实验材料，分别为QQ音乐、网易云音乐与酷狗音乐，如图6-14所示。实验材料随机呈现。

6.1.3.4 实验任务

本实验设置一个音乐类手机APP操作任务：被试者打开APP界面后首先观察其二级界面5s，随后依次完成5个操作任务。任务1：搜索歌曲《我和我的祖国》李谷一版本，并播放歌曲；任务2：播放《我和我的祖国》歌曲MV；任务三：将《我和我的祖国》歌曲添加至个人新建歌单；任务4：设置歌曲定时关闭10min；任务5：找到个性装扮模块并更换APP主题装扮。如图6-15所示。

6.1.3.5 实验流程

（1）准备阶段
准备阶段操作与6.1.1案例相同。
（2）实验阶段
主试者点击记录按钮开始实验记录，被试者根据主试者提示语依次完成3个音乐类APP的操作任务（图6-16），所有任务完成后实验正式结束。

主试者保存实验数据，并为被试者摘下眼动仪。

① 田琦，吕淑然.基于照明及眼动实验的冰箱操作界面优化设计[J].包装工程，2021，42（24）：230-236.
② 吴珏.基于眼动实验的手机音乐软件界面的可用性研究[D].上海：华东理工大学，2015.

图6-14　眼动实验刺激材料

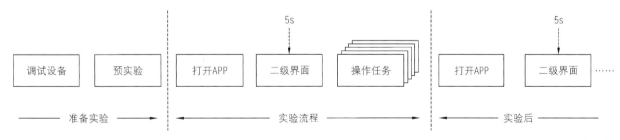

图6-15　实验任务

图6-16　被试者进行实验任务

（3）实验后阶段

主试者赠予被试者礼品，感谢被试者的参与。

6.1.3.6 实验数据分析

对3个音乐类手机APP界面的各项操作任务时间进行处理，得出每位被试者完成每项任务的时间，计算出各项任务完成时间的平均值，如表6-9所示。

表6-9 不同APP任务完成时间

操作任务	任务完成时间平均值（s）		
	QQ音乐	网易云音乐	酷狗音乐
任务1	3.58	4.04	6.70
任务2	2.16	2.59	3.13
任务3	2.43	2.20	2.58
任务4	3.19	3.04	2.57
任务5	4.66	4.83	3.74

通过对3个音乐APP各项任务完成时间的平均值可知，QQ音乐和网易云音乐的整体任务完成用时偏短，界面设计较好。QQ音乐的歌曲播放模块的使用效率较高，设置模块的使用效率偏低。网易云音乐的歌曲播放模块相较于QQ音乐有待优化，以提升用户使用效率。酷狗音乐的设置模块的使用效率较高，但歌曲播放模块使用效率偏低。

根据实验的眼动轨迹图与热点图（图6-17）可知，QQ音乐和网易云音乐的热点分布较为集中，注视轨迹较为简单，而酷狗音乐的热点分布较为分散且注视轨迹复杂。由此说明酷狗音乐的界面布局相较于QQ音乐的与网易云音乐的可用性偏低。

6.1.4 景观评测实验——以校园景观为例

本实验以论文《眼动仪应用于公园景观兴趣点研究初探——以南京市玄武湖公园驳岸场景为例》[①]为参考进行案

---

① 刘思文，陈烨. 眼动仪应用于公园景观兴趣点研究初探——以南京市玄武湖公园驳岸场景为例[J].城市建筑，2021，18(6)：163-165.

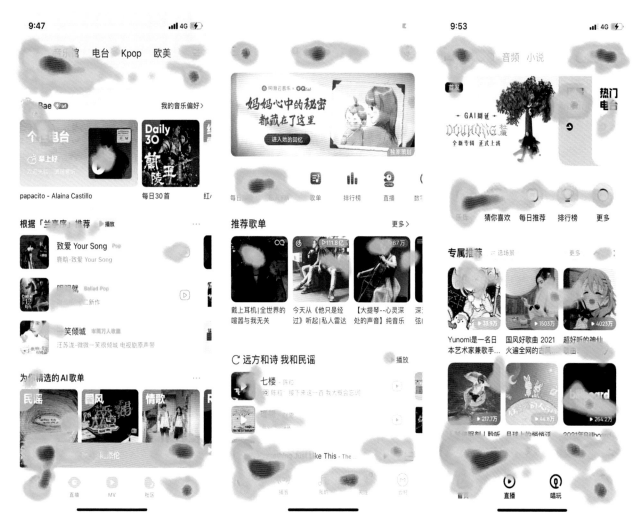

图6-17 眼动轨迹图与热点图

例展示。

6.1.4.1 实验目的

本实验的目的在于通过眼动仪记录被试者在观看校园景观时的眼动数据，探究校园景观的兴趣点，为校园景观质量的提升提供科学依据。

6.1.4.2 实验被试者

本次实验共邀请不同专业的在校大学生20名，其中男女各10名，平均年龄25岁。所有被试者视力或者矫正视力正常，无散光、色盲和色弱等眼疾。

6.1.4.3 实验材料

本实验以武汉理工大学南湖校区代表性景观场地"梅园"一角为实验场景，其中包含植物、水体、建筑物、人、道路等多元的景观元素，如图6-18所示。

6.1.4.4 实验任务

实验中被试者须根据主试者提示观看指定校园景观，

观看时间为1min，观看结束后稍作休息，随后填写调查问卷，如图6-19所示。

6.1.4.5 实验流程

（1）准备阶段

实验人员启动并连接眼动设备，如图6-20所示，新建本次实验项目。

被试者填写知情同意书，主试者向被试者介绍实验流程与注意事项。

主试者为被试者佩戴眼动仪。

被试者以舒适的姿势站好，主试者在眼动系统中建立被试者数据文档，锁定眼睛追踪范围，随后进行四角标定（图6-21）。

主试者进行手动校准，校准无误后开始实验。

（2）实验阶段

主试者将被试者带至固定位置，被试者进入放松状态后开始观看（图6-22），主试者点击记录按钮开始实验记录，被试者观看完毕后实验结束。

图6-18　眼动实验材料

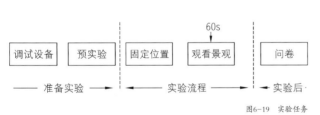

图6-19　实验任务

图6-20　设备连接

图6-21　四角标定

图6-22　被试者观看实验材料

主试者保存实验数据，并为被试者摘下眼动仪。

（3）实验后阶段

被试者填写主观评价问卷。最后主试者赠予被试者礼品，感谢被试者的参与。

景观兴趣点调查问卷

性别：【 】 年龄：【 】

受教育程度：【 】 职业：【 】

1. 景观场景中以下哪一类景观元素最吸引你？【 】

A.构筑物类 B.水体类 C.植物类 D.色彩类

2. 构筑物类中哪个元素最吸引你？【 】

A.石头造型 B.石头肌理

3. 水体类中哪个元素最吸引你？【 】

A.湖面大小 B.湖面色彩 C.驳岸形态

4. 植物类中哪个元素最吸引你？【 】

A.树干肌理 B.树叶形状 C.灌木颜色 D.灌木高度

5. 以下哪种色彩形式最吸引你？【 】

A.强烈对比色彩 B.大面积色彩 C.舒适的色彩

6.1.4.6 实验数据分析

本实验选取注视次数、注视频率、眼跳次数、眼跳频率4个眼动指标进行统计分析，男女眼动数据平均值如表6-10所示。

表6-10 男女眼动数据平均值

性别	注视次数/次	注视频率/（次·s⁻¹）	眼跳次数/次	眼跳频率/（次·s⁻¹）
男	68.2	1.03	47	0.84
女	45.8	0.68	35	0.66

由表6-10可知，男性的注视次数、注视频率、眼跳次数、眼跳频率普遍高于女性，说明在获取景观信息的时候，男性比女性对视野的搜索速度更快、幅度更大，在获取景观信息的时候表现更为强烈。

根据实验的眼动轨迹图与热点图（图6-23）可知，该场景主要有5个兴趣片区，分别为树木区、建筑区、湖面区、湖面栈道区和天空区。

通过对5个兴趣区的数据进行统计分析（表6-11）得知平均注视次数最多的为树木区，接着是建筑区、湖面栈道区、湖面区，天空区平均注视次数最少。

表6-11 兴趣区注视次数平均百分比 （%）

树木区	建筑区	湖面区	湖面栈道区	天空区
47.42	24.77	9.38	12.16	6.27

根据主观调查问卷结果（表6-12）可知，该校园景观场景中的兴趣点顺序从大到小依次为植物类、建筑类、色彩类和水体类。植物类中最吸引人的因素按重要程度由大到小排序为：灌木颜色、灌木高度、树干肌理、树叶形状；建筑类中，最吸引人的因素为石头，石头造型与石头肌理一样重要；色彩类中，重要程度排序为：强烈对比色彩＞大面积色彩＞舒适的色彩；水体类中，最吸引人的因素为静态水体，其重要程度排序为：驳岸形态＞湖面大小＞湖面色彩。

表6-12 调查问卷结果

兴趣点	因素	重要度百分比（%）
色彩类	强烈对比色彩	10.71
	大面积色彩	8.93
	舒适的色彩	4.46
建筑类	石头造型	13.39
	石头肌理	13.39
水体类	湖面大小	4.46
	湖面色彩	1.79
	驳岸形态	6.25
植物类	树干肌理	6.25
	树叶形状	4.46
	灌木颜色	13.39
	灌木高度	11.61

6.2 脑电实验案例

以3个脑电实验案例为例，为工业设计、交互设计、情绪识别专业方向的学生提供实验参考。

实验案例均采用可穿戴的无线脑电系统Enobio为例，设备清单如表4-15所示。

实验在人机实验室内进行，实验室环境安静且具备防噪声功能，同时远离变压室等大电流的地方。实验室内含有存放设备的可调节高度的固定桌椅，无其他干扰物品，灯光照明良好且可调节。

6.2.1 交互界面配色评价实验——以军事态势指挥界面目标配色为例

本实验以论文《基于脑电实验的态势指挥界面配色研究》[①]为参考进行案例展示。

---

① 薛薇.基于脑电实验的态势指挥界面配色研究[D].南京：东南大学，2019.

图6-23　眼动轨迹图与热点图

6.2.1.1 实验目的

本实验的目的在于研究被试者在军事控制系统界面对我方目标色搜索时所产生的脑电生理反应，通过对被试者进行任务操作时的脑电指标如波幅、潜伏期等进行数据分析，得出不同状态下的目标的较优配色方案。

6.2.1.2 实验被试者

本次实验共邀请在校大学生30名，其中男女各15名。年龄范围为20~28岁。被试者均为右利手，视力或矫正视力均正常，无精神疾病史或大脑创伤。

6.2.1.3 实验材料

（1）目标素材

选择最易受背景颜色影响的无框架线状军标作为目标素材类型，根据美军标MIL-STD-2525C，找到如下目标素材（图6-24）。

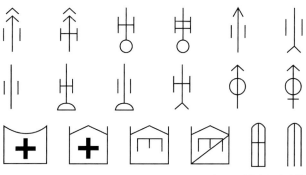

图6-24 脑电实验目标素材

（2）素材颜色

在态势图中，主色为目标色，背景色为地图颜色，在军标上，红色用作我方目标色。

选用孟塞尔立体色彩体系中的正红色（5R、5G、5B），然后分别选用彩度跨度为2、4以及明度跨度为2、4的5种颜色做目标色。选择地图中海洋区域的蓝色纯色块做背景色。颜色选取如图6-25所示。

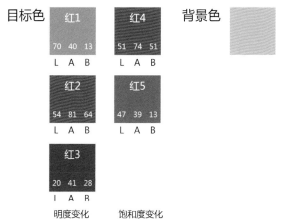

图6-25 脑电实验目标颜色

（3）目标素材尺寸

MIL-STD-2525C中指出军标符号的大小直接与操作员和显示器之间的视距有关，根据计算公式得出，当被试者眼睛离屏幕60cm时，最小目标尺寸为4.45mm。

每张刺激材料包含4×2个图标，每个材料中穿插1张中心带十字的白色图片。最终实验样本如图6-26所示。实验材料随机呈现。

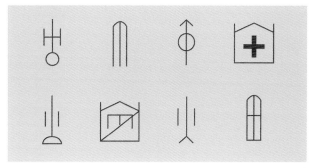

图6-26 脑电实验材料

6.2.1.4 实验任务

本实验设置一个箭头图标判断任务：当进入实验材料界面时，首先判断界面是否存在箭头图标，如果没有则按下空格键；如果有则判断箭头图标的朝向，向上按A键，向下按Z键。根据5种明度、纯度不同的红色分为5组，每组包含30次测试，共150次测试。如图6-27所示。

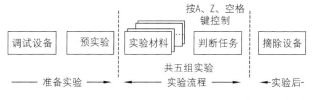

图6-27 实验任务

6.2.1.5 实验流程

（1）准备阶段

实验人员进入脑电实验室，启动并连接脑电设备，新建本次实验项目并设置参数，见图6-28。

图6-28 启动连接脑电设备

被试者进入实验室，填写知情同意书，主试者向被试者介绍实验流程与注意事项。被试者清洗头发3~4次，洗净后用吹风机吹至半干。

主试者使用磨砂膏给被试者去除角质，随后为被试者佩戴电极帽并用脑电膏使被试者的头皮电阻降到规定标准以下，如图6-29所示。

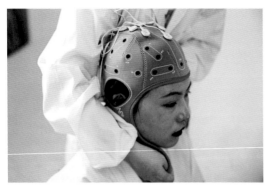

图6-29 被试者佩戴电极帽

请被试者以舒服的姿势就座（图6-30），主试者可调整座椅高度，使被试者目光正视屏幕，双手自然放在键盘上，眼睛与电脑屏幕保持55~65cm。

图6-30 被试者座位及姿势调整

主试者在脑电系统中建立被试者数据文档。

（2）预实验阶段

主试者点击记录按钮开始预实验记录，被试者先观看一组界面图标（图6-31），主试者观测被试者观看图标过程中的脑电信号，观察脑电基本波形是否正常。

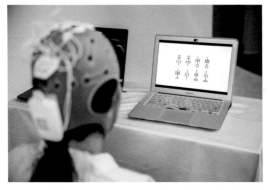

图6-31 被试者观看预实验材料

主试者让被试者进行眼睛动作，如闭眼等，观察眼电对脑电的影响，检查无误后开始正式实验。

（3）正式实验阶段

主试者点击记录按钮开始正式实验记录，被试者根据屏幕提示开始操作实验任务（图6-32），直至所有任务完成。任务完成后，显示屏呈现"谢谢"二字，实验正式结束。

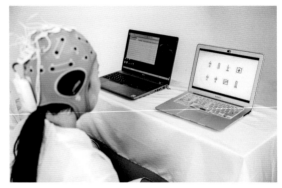

图6-32 被试者观看正式实验材料

主试者保存被试者实验数据。实验过程中，实验记录者在一旁观察，记录出错率指标（操作失误）并向被试者提供必要的帮助。

（4）实验后阶段

主试者帮助被试者摘除电极帽并冲洗脑电膏，如图6-33所示。

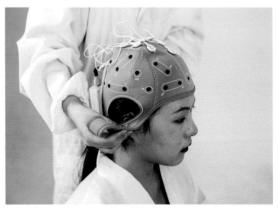

图6-33 摘除电极帽

主试者赠予被试者礼品，感谢被试者的参与。

6.2.1.6 实验数据分析

（1）行为数据

本实验中的行为数据为被试者实验操作的正确率与反应时间，将实验数据导入Excel与SPSS中处理分析，得到所有被试者在每组测试中的平均正确率与反应时间，如表6-13所示。

表6-13　所有被试者平均正确率与反应时间

小组	平均反应时间/ms	反应时间标准差	平均正确率/%	正确率标准差
红1	1025.81195	199.43645	0.988095238	0.01675
红2	867.1190476	196.85055	0.978571429	0.03096
红3	868.1380952	205.81365	0.980952381	0.02839
红4	836.8047619	192.75216	0.983333333	0.02850
红5	836.3642875	202.18854	0.985714286	0.02154

根据数据可知，红5组的平均反应时间最短，红1组的最长。平均正确率中红1组最高，红2组最低。

对红色组的正确率与反应时间进行相关性分析，结果显示正确率与反应时间呈正相关关系，反应时间越快则正确率越高。综合而言红5组较优。

（2）脑电数据

本实验首先对P300波幅进行分析，由表6-14所示，红色组各颜色平均波幅绝对值从大到小依次为红4组（2.813μV）、红1组（2.698μV）、红5组（2.674μV）、红2组（2.557μV）、红3组（2.448μV）。

表6-14　P300波幅统计表

电极	红1		红2		红3		红4		红5	
	均值	标准差	均值	标准差	均值	标准差	均值	标准差	均值	标准差
CP1	1.38833	0.59828	1.0900	0.67650	1.39846	0.85178	1.32769	0.6748	1.4315	0.41117
CP2	1.90385	0.87878	1.73385	1.07168	1.63077	1.00453	1.72000	0.71804	1.7307	0.87468
P3	2.83154	1.58776	2.73231	1.40319	2.71462	1.48517	2.82769	1.94939	2.61923	1.13610
P4	4.25385	1.69167	4.22231	2.07115	3.96077	1.48112	4.32538	1.72290	4.26692	1.70699
POz	3.53692	1.92087	3.31923	1.39140	3.35462	2.14771	4.08308	1.62704	3.75923	1.59831
Pz	2.27231	1.40770	2.24538	1.00484	1.86615	0.92786	2.59385	0.95619	2.24077	0.78522
总计	2.69780	1.34751	2.55718	1.26979	2.48756	1.31636	2.81295	1.27473	2.67474	1.08541

根据脑电波形图（图6-34）可知，P3、P4、CP1、CP2、Pz、POz这6个电极的P300较为明显，因此选取这6个电极进行分析。

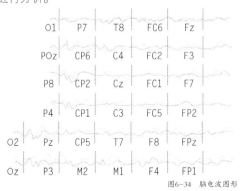

图6-34　脑电波图形

针对波幅做5（5个红色）×6（6个电极）重复方差分析（表6-15）可知，红色的主效应不显著，$F=1.1431$，$p=0.224$；电极的主效应显著，$F=44.397$，$p=0.000<0.05$；两者交互作用不显著，$F=0.373$，$p=0.989$。

表6-15　重复方差分析

源		Ⅲ型平方和	df	均方	F	Sig.
红色	采用的球形度	5.114	4	12.79	1.431	0.224
	Greenhouse-Geisser	5.114	3.329	1.536	1.431	0.231
	Huynh-Feldt	5.114	3.752	1.363	1.431	0.226
	下限	5.114	1.000	5.114	1.431	0.235
电极	采用的球形度	393.559	5	78.712	44.397	0.000
	Greenhouse-Geisser	393.559	2.855	137.863	44.397	0.000
	Huynh-Feldt	393.559	3.212	122.524	44.397	0.000
	下限	393.559	1.000	393.559	44.397	0.000
红色·电极	采用的球形度	6.655	20	0.333	0.373	0.994
	Greenhouse-Geisser	6.655	16.644	0.400	0.373	0.989
	Huynh-Feldt	6.655	18.759	0.355	0.373	0.993
	下限	6.655	5.000	1.331	0.373	0.866

根据各脑区的不同红色目标的配对T检验可知，在中侧脑区，被试者对红色目标的脑电波幅差异显著。根据POz与Pz电极的配对T检验可得出，在红色组目标引起的P300波幅在Pz电极上差异最大，因此可将Pz作为重点研究电极。

综合脑电实验数据可知，红3组占用较少的视觉注意空间，红4组占用较多的视觉注意空间，相较而言红4组较优。

6.2.2　产品色彩评价实验——以瓦西里椅为例

本实验以论文《沙发配色与人的视觉感受性的关系研究》[1]《基于内隐测量和BP神经网络的产品色彩情感化设计方法》[2]为参考进行案例展示。

6.2.2.1　实验目的

本实验的目的在于测量被试者观看不同颜色的瓦西里椅时的脑电信号，进而分析用户对不同颜色产品的情感体验，为研究提供客观生理数据。

6.2.2.2　实验被试者

本次实验共邀请24名工业设计专业在读硕士研究生及

① 贾祝军.沙发配色与人的视觉感受性的关系研究[D].南京：南京林业大学，2008.

② 丁满，丁婷婷，宋美佳，等.基于内隐测量和BP神经网络的产品色彩情感化设计方法[J/OL].计算机集成制造系统，2022-2-26.https://kns.cnki.net/kcms/detail/11.5946.tp.20220224.1137.012.html.

本科生参与，男女各12名，年龄范围为20～28岁。被试者均为右利手，视力或矫正视力均正常，听力均正常，无精神疾病史或大脑创伤。

6.2.2.3 实验材料

实验样本以瓦西里椅为实验对象，根据瓦西里椅市场现状的调查分析，提取8个代表性色彩：白色、蓝色、红色、黑色、绿色、黄色、棕色、卡其色，最终得到8个瓦西里椅实验样本，如图6-35所示。同时，每个材料中穿插1张中心带十字的白色图片。实验材料随机呈现。

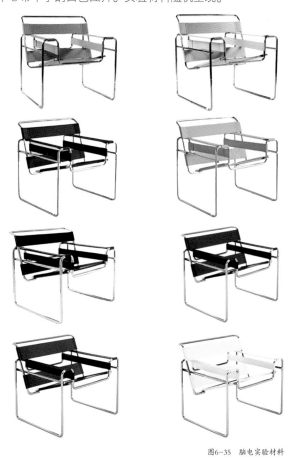

图6-35 脑电实验材料

6.2.2.4 实验任务

实验设置情感意象评价任务：对产品色彩产生积极的心理感受点击数字1键，产生中性感受点击2键，产生消极感受点击3键。每张图片停留20s，两张图片之间的白色图片停留10s，如图6-36所示。

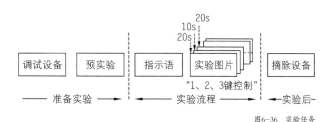

图6-36 实验任务

6.2.2.5 实验流程

（1）准备阶段

准备阶段操作与6.2.1案例相同。

（2）实验阶段

主试者点击记录按钮开始实验记录，被试者根据屏幕提示开始依次观看实验图片材料（图6-37），并进行情感意象评价。所有图片评价完毕后显示屏呈现"谢谢"二字，实验正式结束。

图6-37 被试者观看实验材料

主试者保存被试者实验数据。实验过程中，实验记录者在一旁观察，记录出错率指标（操作失误）并向被试者提供必要的帮助。

（3）实验后阶段

主试者帮助被试者摘除脑电帽并冲洗脑电膏。随后赠予被试者礼品，感谢被试者的参与。

6.2.2.6 实验数据分析

本实验选取8个电极位置采集的脑电数据进行ERPs统计分析，将电极位置分为三类：左半球（FP1、F3、C3）、中线（Cz、Pz）和右半球（FP2、F4、C4），各电极的ERPs波形如图6-38所示。由ERPs波形图可知，被试者在实验样本的刺激下产生了较为明显的P1、N2、P3、N400和LPP成分。

（1）N2成分分析

对不同主观情感状态下N2的平均波幅进行重复测量方差分析，统计结果显示不同情感状态下N2的平均波幅具有显著的主效应，$F(1.898, 290.387)=3.138$，$p=0.047<0.05$。说明N2的平均波幅与被试者的情感状态是显著相关的。在不同情感状态之间进行成对比较，结果表明积极和消极状态（$p=0.033<0.05$）、积极和中性状态之间的N2平均波幅（$p=0.048<0.05$）具有显著性差异，而中性和消极状态之间N2平均波幅（$p=0.977>0.05$）的差异性不具有统计学意义。积极状态时诱发的N2平均波幅最大，中性状态时N2的平均波幅最小，表明在早期阶段，包含积极或消极这类鲜明情感的刺激更容易引起被试者的注意。

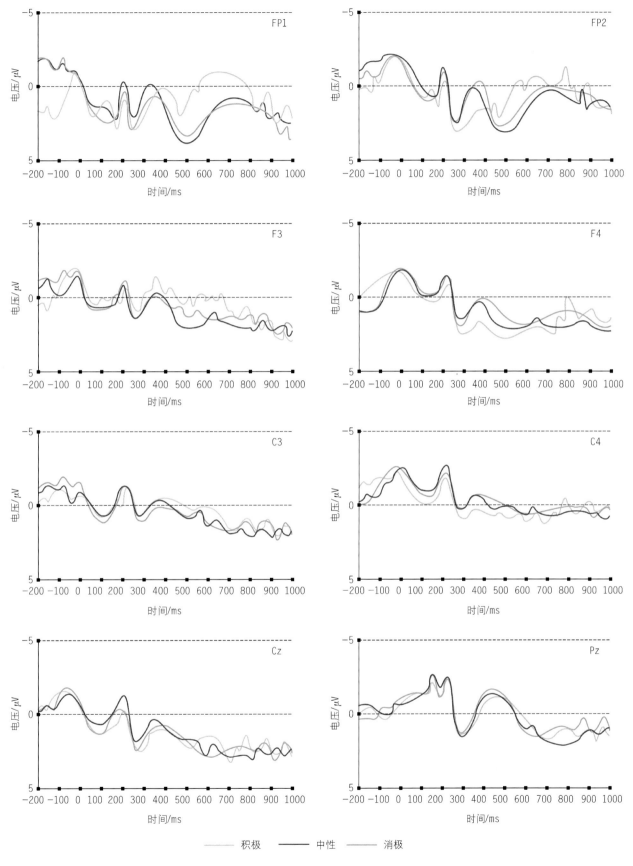

图6-38 各ERPs波形图

（2）P3成分分析

对不同主观情感状态下P3的平均波幅进行重复测量方差分析，结果显示不同情感状态下P3的平均波幅具有显著的主效应，$F(1.580, 241.732)=4.917$，$p=0.013<0.05$，说明P3的平均波幅与被试者的情感状态显著相关。其中对不同的情感状态进行两两成对比较后发现，积极与消极状态（$p=0.016<0.05$）、积极与中性状态（$p=0.017<0.05$）之间P3平均波幅的差异性显著，而中性和消极状态之间P3平均波幅（$p=0.818>0.05$）的差异性不具有统计学意义。被试者在积极、中性和消极状态下所引起的P3平均波幅的大小呈递减趋势，这表明实验样本与被试者的心理认知匹配清晰，因此被试者能够快速直接地做出判断。

6.2.3 情绪识别评测实验——以声乐情绪诱发为例

本实验以论文《基于脑电的虚拟现实诱发下情绪状态分类》[1]《虚拟现实诱发声乐表演者情绪状态及演唱效果研究》[2]为参考进行案例展示。

6.2.3.1 实验目的

本实验的目的在于通过脑电特征对比被试者在情绪自我想象和视频情绪诱发两种场景下的情绪状态，验证视觉材料对被试者情绪诱发的有效性。

6.2.3.2 实验被试

本次实验共邀请声乐表演专业的大学生16名，其中男女各8名，平均年龄为19.5岁。被试者均为右利手，视力或矫正视力均正常，听力均正常，无精神疾病史或大脑创伤。

6.2.3.3 实验材料

实验选取正向、中性、负向3种情绪类别的歌曲作为情绪刺激材料，每种情绪2首歌曲，共6首歌曲，分别为正性：《我爱你中国》《相亲相爱》；负性：《当你老了》《越长大越孤单》；中性：《平凡的一天》《春雨里洗过的太阳》。每首歌曲被剪辑成3min左右，去除每首歌的歌词演唱，只保留背景音乐。在视频诱发情绪方面，针对不同歌曲的具体内容使用对应的素材构建视频材料，如图6-39所示。实验材料随机呈现。

6.2.3.4 实验任务

实验划分为情绪自我想象和视频诱发情绪两个阶段，每个阶段划分为正向、中性、负向三组材料，每组材料包括同种情绪类别的两首歌曲。每首歌曲的实验流程包括情绪自我想象或观看视频3min，以实现被试者情绪的诱发；唱歌1min；被试者静息休息1min，休息完成后开始下一首歌曲的实验。每两组之间休息3min。每个阶段的3组实验结束后休息10min。每组两首歌曲的实验完成后，被试者须填写情绪自评量表和声乐自评量表，如图6-40所示。

6.2.3.5 实验流程

（1）准备阶段

准备阶段操作与6.2.1案例相同。

（2）实验阶段

主试者点击记录按钮开始实验记录，被试者根据主试者提示依次观看实验视频材料，所有视频材料观看完成后实验正式结束。见图6-41。

主试者保存被试者实验数据。实验过程中，实验记录者在一旁观察，记录出错率指标（操作失误）并向被试者提供必要的帮助。

（3）实验后阶段

主试者帮助被试者摘除脑电帽并冲洗脑电膏。

被试者填写情绪自评量表和声乐自评量表，见表6-16、表6-17。情绪量表通过1～9分自我评分的形式衡量情绪的愉悦度、激活度和支配度，分数越高表示情绪越强烈。声乐自评量表从歌曲演唱连贯性、气息运用、共鸣运用、音准节奏、语言咬字、乐感和情感表达7个方面对歌唱表现进行自评打分，分为优、良、中和差4个等级。

表6-16　情绪自评量表

检测说明：下列题目均包含9个区分程度的选项，请根据你在实验中的状态选择每题选项中程度最符合的答案

序号	情绪	程度选择								
		1	2	3	4	5	6	7	8	9
1	愉悦度									
2	激活度									
3	支配度									

表6-17　声乐自评量表

检测说明：下列题目均包含4个区分程度的选项，请根据你在实验中的状态选择每题选项中程度最符合的答案

序号	歌唱表现	优	良	中	差
1	演唱连贯性				
2	气息运用				
3	共鸣运用				
4	音准节奏				
5	语言咬字				
6	乐感				
7	情感表达				

① 张进，许子明，周月莹，等.基于脑电的虚拟现实诱发下情绪状态分类[J].数据采集与处理，2021，36(6)：1226–1236.

② 张进，刘艳玲，张道强.虚拟现实诱发声乐表演者情绪状态及演唱效果研究[J].南京理工大学学报，2021，45(6)：665–671.

《我爱你中国》

《相亲相爱》

《当你老了》

《越长大越孤单》

《平凡的一天》

《春雨里洗过的太阳》

图6-39 脑电实验材料

| 调试设备 | 预实验 | | 指示语 | 刺激材料 | 唱歌 | 休息 | | 指示语 | 刺激材料 | …… |
| | 180s | | | 60s | 60s | | | 180s | | |

准备实验　　　　　　　实验流程　　　　　　　实验后

图6-40 实验任务

图6-41 被试者观看实验视频材料

主试者赠予被试者礼品,感谢被试者的参与。

6.2.3.6 实验数据分析

(1)脑电数据分析

本实验采用配对T检验比较想象组与视频组之间 δ、θ、α、β、γ 节律平均功率之间的差异。本实验将59个通道划分为5个主要区域:额区、中央区、颞区、顶区、枕区。

如图6-42所示,橙色表示视频组平均功率大于想象组的且差异具有显著性($p < 0.05$)的通道,蓝色表示想象组平均功率大于视频组的且差异具有显著性($p < 0.05$)的通道。

根据图6-42结果可知,3种情绪下额叶表现出最多的统计差异,且分布靠近大脑边缘。δ 和 θ 节律统计差异的分

布相似,正性情绪中 δ 节律出现差异的通道最多,而 β 节律在3种情绪下都只有少数通道存在统计差异,γ 节律也只在正性情绪下出现较多的差异通道,基本分布在中央区。上述结果均为视频组功率更高,激活更强。而 α 节律在中性与负性情绪下主要分布在顶枕区和额中央,在正性情绪下主要分布在顶叶、顶枕叶、顶中央和中央叶,且在这些区域中均为想象组功率更高,激活更强。

(2)SAM量表数据分析

本实验对不同情绪类别下16名被试者在自我想象情绪调动和视频情绪诱发两种场景下的情绪自评分数进行了T检验,结果见表6-18。在负向情绪下,情绪的愉悦度、激活度和控制度3个方面的自评分数在两种场景下都存在显

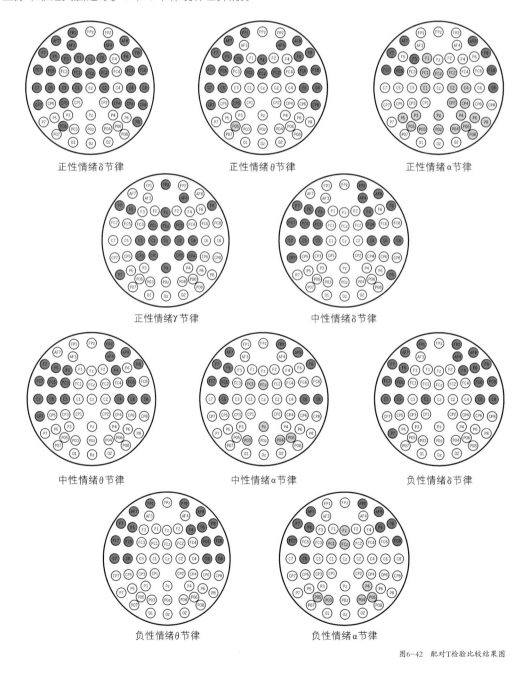

图6-42　配对T检验比较结果图

著性差异（所有$p<0.01$）。在中性情绪下，情绪的愉悦度、激活度和控制度3个方面的自评分数在两种场景下都没有显著性差异（所有$p>0.05$）。在正向情绪下，情绪的愉悦度和激活度自评分数在两种场景下存在显著性差异（$p<0.01$），情绪的控制度自评分数在两种场景下没有显著性差异（$p=0.33$）。

表6-18　SAM量表平均分数和显著性检验结果

情绪评价维度	负向			中性			正向		
	自我想象	VR诱发	显著性p	自我想象	VR诱发	显著性p	自我想象	VR诱发	显著性p
愉悦度	4.6875	3.0000	<0.01	5.9375	6.1875	0.43	7.0000	8.0625	<0.01
激活度	5.5625	7.0000	<0.01	5.6875	6.1250	0.34	6.3125	7.5625	<0.01
支配度	6.0625	4.6250	<0.01	6.5000	6.6875	0.59	6.4375	6.0625	0.33

（3）声乐自评表数据分析

本实验对不同情绪类别下16名被试者在7个评价维度的声乐自评分数进行了T检验，结果见表6-19。在负向情绪中，视频情绪诱发下的平均分都大于自我想象的平均分，在共鸣运用、情感表达方面有显著性差异。在中性情绪的自评量表中，视频情绪诱发下的平均分都大于自我想象的平均分，在共鸣运用、情感表达方面有显著性差异。在正向情绪的自评量表中，除了乐感方面，视频情绪诱发下的平均分都大于自我想象的平均分，在语言咬字和情感表达方面有显著性差异。自我想象和视频情绪诱发下的歌唱情感表达自评分数在3种情绪下都存在显著性差异，且视频情绪诱发的平均分数显著高于自我想象的分数，说明视频可以很好地诱发出歌唱情绪。

表6-19　声乐自评量表平均分数和显著性检验结果

歌唱表现评价维度	负向			中性			正向		
	自我想象	VR诱发	显著性p	自我想象	VR诱发	显著性p	自我想象	VR诱发	显著性p
连贯性	2.8125	3.2500	0.07	3.2500	3.3750	0.22	3.3125	3.4375	0.17
气息运用	2.6875	3.0625	0.07	3.1875	3.3750	0.09	3.1250	3.3125	0.09
共鸣运用	2.5000	3.0625	<0.01	2.8750	3.2500	<0.05	3.0625	3.1875	0.25
音准节奏	2.9375	3.0625	0.27	3.1250	3.3125	0.14	2.6875	3.0000	0.07
语言咬字	2.9375	3.0625	0.22	3.0625	3.3750	0.06	3.0000	3.3125	<0.05
乐感	3.1250	3.4375	0.06	3.4375	3.5625	0.17	3.3750	3.3125	0.38
情感表达	2.7500	3.3125	<0.01	3.0000	3.4375	<0.01	3.2500	3.6250	<0.05

6.2.4　图案特征识别实验——以陶瓷纹样为例

本实验以论文《基于EEG的苗族服饰图案特征识别及饰品创新设计》[1]为参考进行案例展示。

6.2.4.1　实验目的

本实验的目的在于根据脑电实验中被试者的行为数据、脑电信号等，分析被试者在图案意象分析过程中的行为决策，研究不同意象匹配不同图案下的脑电成分的波幅和分布情况，得到最具有代表性的文化特征陶瓷纹样。

6.2.4.2　实验被试者

本次实验共邀请15名被试者，其中8名具有设计背景，7名无设计背景。年龄范围为22～26岁。被试者均为右利手，视力或矫正视力均正常，具有良好的意象认知能力，无精神疾病史或大脑创伤。

6.2.4.3　实验材料

本实验选择8个陶瓷纹样与4对语意词作为实验材料，每个纹样材料的尺寸、精度、背景等均保持一致。每对语意词由2个含义相反的形容词构成，共8个语意词。最终实验材料如图6-43所示。实验材料随机呈现。

图片1 复杂的　　图片2 简约的　　图片3 抽象的　　图片4 写实的

图片5 和谐的　　图片6 凌乱的　　图片7 随和的　　图片8 庄严的

图6-43　脑电实验材料

6.2.4.4　实验任务

本实验设置一个意象符合度判断任务：当实验材料出现5s后，图片下方依次出现8个语意词，被试者根据图片意象选择其意象符合度，完成后进行下一张图片的判断，如图6-44所示。

6.2.4.5　实验流程

（1）准备阶段

准备阶段操作与6.2.1案例相同。

（2）实验阶段

主试者点击记录按钮开始实验记录，被试者根据主试

①　王美超.基于EEG的苗族服饰图案特征识别及饰品创新设计[D].贵州：贵州大学，2020.

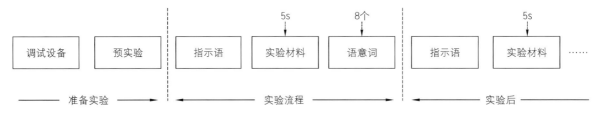

图6-44 实验任务

者提示依次观看实验视频材料（图6-45），所有视频材料观看完成后实验正式结束。

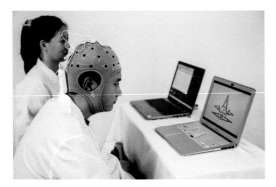

图6-45 被试者观看实验视频材料

主试者保存被试者实验数据。实验过程中，实验记录者在一旁观察，记录出错率指标（操作失误）并向被试者提供必要的帮助。

（3）实验后阶段

主试者帮助被试者摘除脑电帽并冲洗脑电膏。主试者赠予被试者礼品，感谢被试者的参与。

6.2.4.6 实验数据分析

（1）评价数据分析

本实验运用SPSS对意象评价数据进行均值分析，结果如表6-20所示。

表6-20 意象评价数据均值分析

语意词汇	评价数据均值							
	图片1	图片2	图片3	图片4	图片5	图片6	图片7	图片8
复杂的	2.8667	2.8000	2.4000	1.6667	1.2667	2.00000	2.2000	3.3333
简约的	2.4000	2.0000	1.8000	2.4667	3.6667	2.3333	4.1333	1.6667
抽象的	2.2667	1.88667	2.3333	3.7333	3.6667	2.4667	1.6000	2.0667
写实的	2.8667	3.8000	2.6667	2.5333	2.8000	3.0000	3.8000	2.6667
和谐的	2.4000	2.0667	2.7333	2.2667	2.7333	2.5333	1.6667	2.2000
凌乱的	2.5333	2.4000	2.0000	2.0667	2.7333	2.5333	3.7333	2.4000
庄严的	3.2667	2.8000	2.7333	3.7333	4.1333	3.8667	3.0667	2.0000
随和的	3.4000	1.2667	2.4000	2.2000	2.4000	2.9333	2.4000	3.6000

（2）脑电数据分析

本实验截取实验材料出现的前500ms到语意词出现之后的5000ms，共5500ms，采用时频分析法对FP1、FP2、F7、F8这4个电极进行分析。根据所得时频图可知，在目标语意词出现0～500ms后出现了明显的ERP成分，其中N400成分可作为生理指标。

针对N400成分，选择额叶部分的脑区通道为组间因素，意象匹配结果和一项形容词为组内因素，进行配对T检验，根据结果（表6-21）可以看出F8电极的显著度最高。因此，选用F8电极上的N400成分作为主要脑电指标。

表6-21 意象评价数据配对T检验

电极	T	自由度	显著度	平均值差值	差值95%置信区间	
					下限	上限
F7	4.983	63	2.39988	0.29999	0.89521	2.09416
F8	8.395	63	4.48899	0.56112	3.58915	5.83179
FP1	15.706	63	3.6621	0.45776	6.27477	8.1043
FP2	17.152	63	3.2944	0.4118	6.24037	7.8862

用MATLAB进行脑电数据分段，选取N400潜伏期350～500ms内的波幅变化并对其数值取绝对值，见表6-22。

表6-22 N400潜伏期350～500ms内的波幅数据绝对值

语意词汇	波幅数据绝对值							
	图片1	图片2	图片3	图片4	图片5	图片6	图片7	图片8
复杂的	9.41	2.6	1.68	2.22	2.86	10.27	1.22	0.67
简约的	6.52	0	1.71	3.19	2.12	1.85	1.13	2.7
抽象的	0.68	0.72	1.84	6.78	1.08	4.81	0	2.03
写实的	0.83	0.65	0	2.28	0.97	2.19	1.51	5.59
和谐的	2.29	8.63	4.85	3.83	1.57	0.35	0	27.41
凌乱的	3.28	1.87	0.74	9.47	0.2	3.27	3.74	0.23
庄严的	3.97	0.43	4.75	2.21	2.82	0	0	0
随和的	2.92	1.62	2.51	1.19	0	1.27	4.16	3.82

综合所有数据得出，花鸟纹样是最具代表性的文化特征陶瓷纹样。

6.3 综合实验案例

综合实验为心电、肌电、皮电实验的交叉综合，分为四个实验案例：心电与肌电实验、心电与皮电实验、肌电与皮电实验、多种综合实验。

实验案例采用生理反馈仪TT，设备清单如表5-2所示。

实验在人机实验室内进行，实验室环境安静且具备防噪声功能。实验室内含有存放设备的可调节高度的固定桌椅，无其他干扰物品，灯光照明良好且可调节。

6.3.1 心电与肌电综合实验——以面孔吸引力评价为例

本实验以论文《基于心电和肌电信号的面孔吸引力识别研究》[1]为参考进行案例展示。

6.3.1.1 实验目的

本实验的目的在于通过心电与肌电数据探究面孔吸引力在生理上的反应模式，从而建立基于心电信号和肌电信号的面孔吸引力数据库。

6.3.1.2 实验被试者

本次实验共邀请大学生46名，其中男性22名，女性24名，平均年龄为19.7±1.6岁。被试者视力或矫正视力均正常，身心健康，且实验开始前2h内未进行剧烈运动。

6.3.1.3 实验材料

实验样本为图片网站上购买下载的男女性面带微笑的图片，这些人物图片裁剪成大小、亮度、分辨率等属性统一的半身照。根据评价实验筛选出脸部美丽程度为较高、一般、较低三种程度的男性、女性图片各240张。实验材料随机呈现。

6.3.1.4 实验任务

实验分为两次进行（两次实验至少须间隔一天进行），每次实验须观看120张实验图片。每次实验分为两组，每组包含60张实验图片。被试者依次观看60张实验图片，每张图片停留10s，每张图片观看结束后须对自身情绪状态进行评价。第一组实验结束后进入休息阶段，随后进行第二组实验，如图6-46所示。

6.3.1.5 实验流程

（1）准备阶段

实验人员进入实验室，启动并连接生理多导仪，新建本次实验项目并设置通道参数。

被试者进入实验室，填写知情同意书，主试者向被试者介绍实验流程与注意事项。

主试者用酒精擦拭被试者贴电极片的皮肤区域，随后涂抹导电膏，按照标准导联方式粘贴电极片，如图6-47所示。

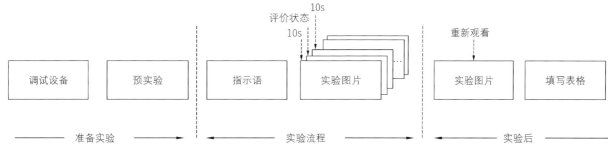

图6-46 实验任务

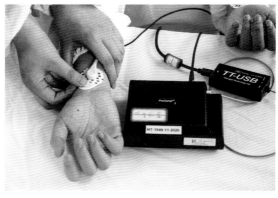

图6-47 粘贴电极片

① 张进.基于心电和肌电信号的面孔吸引力识别研究[D].重庆：西南大学，2021.

请被试者以舒服的姿势就座，调整座椅高度，使其目光正视屏幕，眼睛与电脑屏幕保持55~65cm。

主试者在生理反馈仪系统中建立被试者数据文档。

（2）实验阶段

主试者点击记录按钮开始正式实验记录，被试者根据屏幕提示操作实验任务（图6-48），直至所有任务完成。任务完成后，显示屏呈现"谢谢"二字，实验正式结束。

图6-48 被试者观看实验材料

主试者保存实验数据，并帮助被试者摘除电极片。

实验过程中，实验记录者在一旁观察，记录实验过程并向被试者提供必要的帮助。

（3）实验后阶段

被试者重新观看一遍实验图片，并填写自我报告等级量表（在1~7的范围内报告图片的唤醒度、效价、优势度以及吸引力程度），见表6-23。最后主试者赠予被试者礼品，感谢被试者的参与。

表6-23 自我报告等级量表

序号	情绪	程度选择						
		1	2	3	4	5	6	7
1	唤醒度							
2	效价							
3	优势度							
4	吸引力程度							

检测说明：下列题目均包含7个区分程度的选项，请根据你在实验中的状态选择每题选项中程度最符合的答案。

6.3.1.6 实验数据分析

（1）心电信号

首先将心电信号进行小波去噪处理，随后通过傅里叶变换提取心电信号的线性，通过7个非线性参数（如庞加莱图等）提取心电信号的非线性特征，共提取线性、非线性特征25个，如表6-24所示。特征提取后使用min-max归一化处理。

表6-24 心电信号特征

编号	简写名称	特征描述
1	meanRR	RR间隔平均值
2	CVRR	RR间隔方差
3	SDRR	RR间隔标准偏差
4	RMSSD	全部相邻RR间隔之差的均方根
5	mSD	RR间隔一阶差分绝对值的平均值
6	SDSD	全部相邻RR间隔之差的标准偏差
7	NN50	连续RR间隔大于50ms的数量
8	PNN50	对应RR50占所有RR间隔的百分比
9	NN20	连续RR间隔大于20ms的数量
10	PNN20	对应RR20占所有RR间隔的百分比
11	meanHR	平均心率
12	QD	RR间隔的四分位数偏差
13	SD1	庞加莱图中T方向的标准差
14	SD2	庞加莱图中L方向的标准差
15	SD1_SD2	SD1与SD2的比值
16	CSI	心脏交感神经的指数
17	CVI	心脏迷走神经的指数
18	Modified_csi	改进的CSI
19	LZC	LZ复杂度
20	TP	RR间隔的在0.04~0.4Hz范围的功率
21	LF	RR间隔的在0.04~0.15Hz范围的功率
22	HF	RR间隔的在0.15~0.4Hz范围的功率
23	LF/HF	LF与HF的比值
24	nLFP	归一化LF
25	nHFP	归一化HF

将归一化后的面孔吸引力心电数据样本与未产生面孔吸引力的心电数据样本输入至RF、AdaBoost和ELM等分类器中进行分类，通过正确率、敏感性、特异性、精确率和F1分数这5个参数评估分类方案的性能。结果如表6-25所示。

由数据可知心电信号能够对面孔吸引力进行分类识别，且识别效果较好。ELM算法在心电信号的面孔吸引力识别上存在一定的优势。

表6-25 不同模型的面孔吸引力分类识别效果（1）

分类器	敏感性	特异性	精确率	F1分数	正确率
RF	0.7086	0.6382	0.6626	0.6840	0.6744
RF+SFFS	0.6776	0.7254	0.7083	0.6926	0.7017
AdaBoost	0.5603	0.6524	0.5328	0.5462	0.6143
AdaBoost+SFFS	0.4939	0.7675	0.6112	0.5434	0.6497
ELM	0.6783	0.7044	0.7275	0.7020	0.6904

（2）肌电信号

首先将肌电信号进行sym8小波去噪处理，与心电信号相同，共提取出24个线性、非线性特征，如表6-26所示。特征提取后使用min-max归一化处理。

表6-26 肌电信号特征

编号	简写名称	特征描述
1	MaxM	肌电信号最大值
2	MeanM	肌电信号平均值
3	SdM	肌电信号标准偏差
4	VaM	肌电信号均方差
5	RmM	肌电信号均方根
6	MaxD1	肌电信号一阶差分的最大值
7	MeanD1	肌电信号一阶差分的平均值
8	SdD1	肌电信号一阶差分的标准偏差
9	VaD1	肌电信号一阶差分的方差
10	RmD1	肌电信号一阶差分的均方根
11	MaxD2	肌电信号二阶差分的最大值
12	MeanD2	肌电信号二阶差分的平均值
13	SdD2	肌电信号二阶差分的标准偏差
14	VaD2	肌电信号二阶差分的方差
15	RmD2	肌电信号二阶差分的均方根
16	MMV	肌电信号绝对值的平均值
17	MMAV1	肌电信号绝对值的加权平均值
18	MMAV2	肌电信号绝对值在连续加权窗口下的加权平均值
19	ZC	信号振幅超过零的次数
20	MDPSD	PSD的中值
21	MNPSD	PSD的平均值
22	FR	频率比
23	MFMD	振幅谱的中值
24	MFMN	振幅谱的平均值

同心电信号一样将归一化数据输入分类器分类，结果如表6-27所示。由数据可知，使用AdaBoost+SFFS和ELM分类模型能较好地进行分类。

表6-27 不同模型的面孔吸引力分类识别效果（2）

分类器	敏感性	特异性	精确率	F1分数	正确率
RF	0.4415	0.7	0.5246	0.4761	0.5892
RF+SFFS	0.4471	0.6972	0.5245	0.4792	0.5878
AdaBoost	0.5224	0.6517	0.5320	0.5239	0.5962
AdaBoost+SFFS	0.5034	0.7672	0.6186	0.5538	0.6540
ELM	0.6114	0.6694	0.5057	0.5493	0.6505

综合心电与肌电实验数据，基于心电信号的面孔吸引力分类效果好于基于肌电信号的分类效果。心电信号比肌电信号更适合对面孔吸引力进行分类识别。

6.3.2 心电与皮电综合实验——以图书馆交互式导视系统感官差异评测为例

本实验以论文《校园交互式导识系统用户体验设计研究》[①]为参考进行案例展示。

6.3.2.1 实验目的

本实验目的在于通过心电与皮电数据测量用户在使用图书馆交互式导识系统中视觉感知、听觉感知和视听双感官感知之间的差异，探讨哪一种感官模式更为优越，为图书馆交互式导识系统设计提供科学依据。

6.3.2.2 实验被试者

本次实验共邀请大学生56名，其中男女各28名，被试者视力或矫正视力均正常，身心健康，且实验开始前2h内未进行剧烈运动。

6.3.2.3 实验材料

以武汉理工大学南湖校区图书馆虚拟导识系统为实验材料，如图6-49所示。导识系统分为三种模式：模式一为视觉提示模式，被试者根据系统中的视觉符号指示前进；模式二为听觉提示模式，被试者根据系统中的语音提示前进；模式三为视听模式，被试者结合视觉符号和语音提示前进。

6.3.2.4 实验任务

本实验设置一个寻路任务，主试者设定一条指定线路，被试者须根据要求依次进行三种模式的寻路任务。为避免被试者对设定路线产生熟悉感，本实验分为9d进行，每位被试者完成一种模式的寻路实验后，间隔3d才进行下一种模式的寻路实验，直至所有任务完成，如图6-50所示。

6.3.2.5 实验流程

（1）准备阶段

准备阶段操作与6.3.1案例相同。

（2）预实验阶段

被试者须完成1个寻路练习任务，熟悉实验流程，见图6-51。

① 蒋旭.校园交互式导识系统用户体验设计研究[D].武汉：湖北工业大学，2020.

图6-49　实验材料

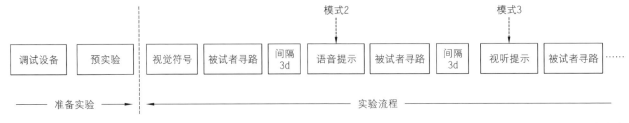

图6-50　实验任务

图6-51　被试者进行预实验

图6-52　被试者进行正式实验

（3）实验阶段

主试者点击记录按钮开始正式实验记录，被试者根据系统提示进行寻路任务，抵达目的地后实验正式结束，见图6-52。

主试者保存实验数据，并帮助被试者摘除电极片。

实验过程中，实验记录者在一旁观察，记录实验过程并向被试者提供必要的帮助。

（4）实验后阶段

主试者赠予被试者礼品，感谢被试者的参与。

6.3.2.6 实验数据分析

首先对心电与皮电实验数据进行去噪处理，随后对三种感官模式的心电皮电数据进行相关性分析，结果如表6-28所示。由表可知，心电数据分析结果为$x^2=285.088$，$p<0.01$，皮电数据分析结果为$x^2=65.008$，$p<0.01$，因此三种感官模式存在显著性差异。不同感官模式下心电秩平均值、皮电秩平均值如表6-29所示。结果表明，三种感官模式下，视听觉双感官模式优于视觉感官、听觉感官模式。

表6-28　相关性分析结果

指标	卡方	自由度	渐近显著性
心电	285.088	2	0.000
皮电	65.008	2	0.000

表6-29　秩平均值

感官模式	心电秩平均值	皮电秩平均值
视觉感官	1.80	1.84
听觉感官	1.72	1.94
视听觉双感官	2.47	2.22

6.3.3 肌电与皮电综合实验——以茶产品用户体验评测为例

本实验以论文《基于生理信号数据的产品设计与用户体验研究》[1]为参考进行案例展示。

6.3.3.1 实验目的

本实验的目的在于通过肌电与皮电数据探究在不同的交互阶段，茶产品如何影响用户的感官形式和情感反应。

6.3.3.2 实验被试者

本次实验共邀请45名被试者，其中男性25名，女性20名，平均年龄为26.5岁。被试者视力或矫正视力均正常，身心健康，且实验开始前2h内未进行剧烈运动。

6.3.3.3 实验材料

实验材料包含两种茶叶产品。一种为铁盒装泰国茶品牌，铁盒内为袋装茶包；另一种为罐装中国茶品牌，罐子内为茶叶，如图6-53所示。

图6-53　实验材料

6.3.3.4 实验任务

实验分为两组，每组体验一种茶产品，体验任务分为五个阶段。阶段一：观看茶产品图片15s；阶段二：触摸茶产品15s；阶段三：打开茶产品15s；阶段四：冲泡茶产品15s；阶段五：品茶15s，如图6-54所示。

每个阶段任务完成后被试者填写两个问卷。问卷一为感官评估量表，1分为完全不重要，5分为非常重要，评分完成后被试者须描述这一阶段部分感官比其他感官重要的原因；问卷二为情感评估量表，对每种茶产品的效价和唤醒度进行评分，1分非常不愉快/情感不强烈，9分为非常愉快/情感非常强烈。

6.3.3.5 实验流程

（1）准备阶段

准备阶段操作与6.3.1案例相同。

（2）实验阶段

主试者点击记录按钮开始正式实验记录，被试者根据主试者提示进行每一阶段的实验任务，见图6-55。每阶段任务完成后被试者填写两个评估量表（表6-30、表6-31）。所有任务完成后，实验正式结束。

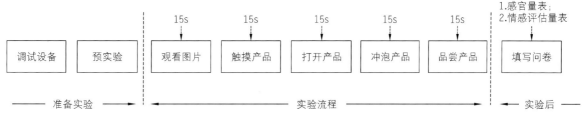

图6-54　实验任务

---

[1] 张乐凯.基于生理信号数据的产品设计与用户体验研究[D].杭州：浙江大学，2018.

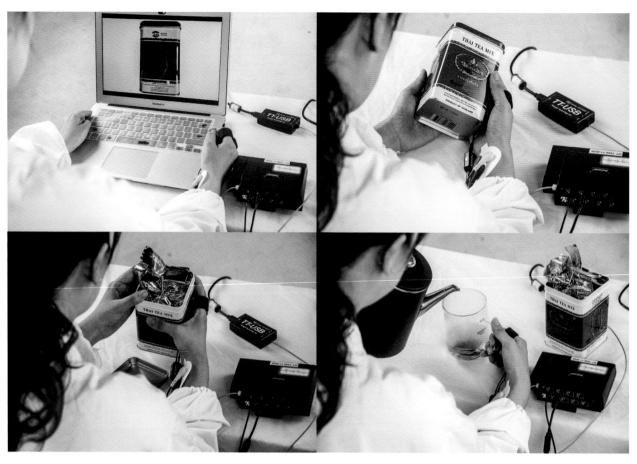

图6-55 被试者进行实验操作

检测说明：下列题目均包含7个区分程度的选项（表6-30），请根据你在实验中的状态选择每题选项中程度最符合的答案。

表6-30 感官评估量表

序号	感官通道	程度选择						
		1	2	3	4	5	6	7
1	视觉							
2	听觉							
3	触觉							
4	嗅觉							
5	味觉							

检测说明：下列题目均包含9个区分程度的选项（表6-31），请根据你在实验中的状态选择每题选项中程度最符合的答案。

表6-31 情感评估量表

序号	情绪	程度选择								
		1	2	3	4	5	6	7	8	9
1	效价									
2	唤醒度									

主试者保存实验数据，并帮助被试者摘除电极片。

实验过程中，实验记录者在一旁观察，记录实验过程并向被试者提供必要的帮助。

（3）实验后阶段

主试者赠予被试者礼品，感谢被试者的参与。

6.3.3.6 实验数据分析

（1）问卷数据

以产品和阶段为被试内因素，对5个阶段的效价与唤醒度进行重复测量方差分析。结果表明，在唤醒度中不同阶段（$F=1084.05$，$p<0.001$）与不同产品（$F=19.37$，$p<0.001$）均具有显著差异，同时两者之间还有显著的交互作用（$F=388.45$，$p<0.001$）。随后采用简单效应分析，发现在第一与第二阶段，不同的产品效应具有显著性（$p<0.05$），结合被试者主观感受可知，由于阶段一所提供的产品信息较少，因而情感唤醒度较低。第三阶段能够体验产品，因此唤醒度较高。由于两种产品的内包装与其他产品类似，因而唤醒度有所下降（图6-56）。

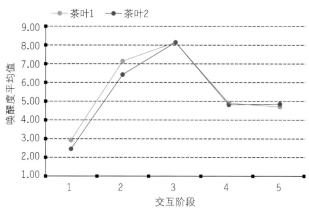

图6-56 产品体验的五个阶段中情感唤醒度平均值

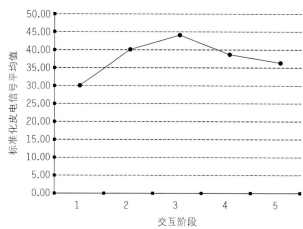

图6-58 五个阶段中标准化皮电数据的平均分

在效价中，不同阶段（$F=691.99$，$p<0.001$）与不同产品（$F=19.37$，$p<0.001$）均具有显著差异，同时两者之间还有显著的交互作用（$F=234.29$，$p<0.001$）。随后采用简单效应分析，发现所有阶段的效应具有显著性（$p<0.05$）。根据结果可知，在前三个阶段两种产品并无显著差异，从阶段四开始，被试者对产品1的满意度逐渐下降。结合被试者主观感受可知，被试者对产品1的质量、味道等不满意，而对产品2则一直比较满意（图6-57）。

根据分析结果结合被试者主观感受可知，被试者在前三个阶段由于对下一阶段的体验感产生好奇，因此皮电信号平均值逐渐上升。而第四、五阶段包装并无新意，因此皮电信号平均值在后两个阶段逐渐下降。

综合问卷数据与生理数据，皮电生理信号会随着不同茶产品的不同交互阶段而发生变化，且皮电与主观评估之间存在显著相关性。

6.3.4 多种综合实验——以用户对游戏符号的认知情绪反应评测为例

本实验以论文《游戏中的符号对认知及情绪的影响》[①]为参考进行案例展示。

6.3.4.1 实验目的

本实验旨在考察用户在竞技对战类游戏任务开始前、任务进行中以及任务结束时对游戏中特定的视觉符号的情绪反应。根据实验所得的心电、肌电、皮电数据验证视觉符号对情绪产生的影响。

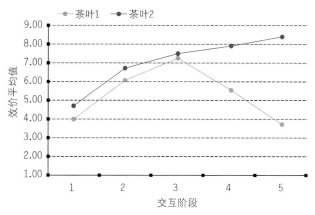

图6-57 产品体验的五个阶段中效价平均值

6.3.4.2 实验被试者

本次实验共邀请49名大学生，其中男性25名，女性24名，平均年龄为21.8岁。被试者视力或矫正视力均正常，均为右利手，身心健康。所有被试者均有一定的游戏史，日常玩游戏的频率相近，对选取的实验游戏操作有一定的了解。

（2）生理数据

首先将肌电信号与皮电信号进行小波去噪预处理，随后进行标准化处理。将处理好的实验数据进行重复测量方差分析，结果显示皮电反应在不同阶段具有显著性（$F=28.96$，$p<0.01$），肌电信号无显著性效应。标准化皮电数据平均值如图6-58所示。将效价和唤醒度与皮电的平均值做相关性分析，结果显示唤醒度与皮电具有显著相关性（$F=0.35$，$p<0.01$），但并未表明效价与皮电之间的相关性。

6.3.4.3 实验材料

实验选取当前竞技对战类游戏下载排行榜中最高的"王者荣耀"游戏作为实验材料载体，用户可以自选游戏人物，分为两个阵营进行5VS5对战。游戏以拆塔为主要目

---

① 师扬.游戏中的符号对认知及情绪的影响[D].杭州：浙江大学，2019.

的，以击杀敌人为次要目的，达到目标后即可获胜。实验选取游戏任务开始前、中、后三个阶段的视觉符号为实验材料，如图6-59所示。游戏前的视觉符号为"VS"的字样；游戏中的视觉符号为用户使用技能时的符号；游戏后的视觉符号为游戏结束时屏幕上显示的"VICTORY"或"DEFEAT"字样。

6.3.4.4　实验任务

被试者进行5局以上的游戏，一个完整的游戏任务闭环算一局有效实验任务，每位被试者完成5局有效实验任务则实验结束，如图6-60所示。

6.3.4.5　实验流程

（1）准备阶段

准备阶段操作与6.3.1案例相同。

（2）实验阶段

被试者观看一段4～6min的舒缓视频，平复内心情绪，见图6-61。主试者检查各通道波形是否异常，确认无误后开始实验。

主试者点击"记录"按钮开始正式实验记录，被试者按照主试者提示进行5局以上游戏，完成后实验正式结束，见图6-62。

主试者保存实验数据，并帮助被试者摘除电极片。

图6-59　实验材料

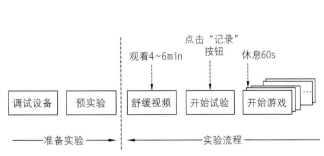

图6-60　实验任务

图6-61　被试者观看舒缓视频

图6-62 被试者完成实验游戏

实验过程中，主试者手动标定实验材料出现时间，便于后期数据处理。实验记录者在一旁观察，记录实验过程并向被试者提供必要的帮助。

（3）实验后阶段

主试者赠予被试者礼品，感谢被试者的参与。

6.3.4.6 实验数据分析

首先将心电、肌电、皮电数据进行数据剔除与基线矫正，随后进行数据分析。本实验以心率变化作为注意力标示；以皮电反应作为情绪唤醒标示；以肌电反应作为情绪效价标示。

（1）游戏任务开始前数据

对数据进行正态性检验，结果如表6-32所示。根据结果可知，刺激后肌电反应数据显著性$p>0.01$，其他指标数据显著性$p>0.05$，因此6组数据均服从正态分布。

表6-32 游戏任务开始前的数据正态性检验

认知及情绪指标	生理指标	均值	统计量	自由度	显著性
注意力	刺激前心率	−0.39	0.966	49	0.166
	刺激后心率	−3.108	0.975	49	0.375
情绪唤醒	刺激前皮电反应	0.883	0.967	49	0.184
	刺激后皮电反应	1.922	0.973	49	0.324
情绪效价	刺激前肌电反应	0.186	0.972	49	0.780
	刺激后肌电反应	2.065	0.945	49	0.023

对数据进行方差齐性检验，结果如表6-33所示。根据结果可知，所有生理指标显著性$p>0.05$，即方差具有齐性，因此可以采用单因素方差分析检验游戏任务开始前视觉符号对被试者认知与情绪是否产生影响。

表6-33 游戏任务开始前视觉符号对生理反应的方差齐性检验

认知及情绪指标	生理指标	统计量	自由度1	自由度2	显著性
注意力	心率	1.308	1	96	0.256
情绪唤醒	皮电反应	3.820	1	96	0.054
情绪效价	肌电反应	2.446	1	96	0.121

对游戏任务开始前被试者观看视觉符号的生理数据进行单因素方差分析，结果如表6-34所示。结合表6-32数据可知，被试者看到任务开始前视觉符号时主效应显著性$F=124.106$，其显著概率$p=0.000<0.05$，因此任务开始前视觉符号能够影响被试者注意力变化，且被试者心率下降，注意力程度增高。被试者看到任务开始前视觉符号的皮电反应数据主效应显著性$F=12.097$，其显著概率$p=0.001<0.05$，因此任务开始前视觉符号能够影响被试者的情绪，且皮电反应增高，情绪唤起水平增高。被试者看到任务开始前视觉符号时肌电反应数据主效应显著性$F=75.064$，其显著概率$p=0.000<0.05$，因此任务开始前视觉符号能够影响被试者情绪效价的变化，且正向肌电反应增高，正向情绪反应增高。

表6-34 游戏任务开始前视觉符号对生理反应的单因素方差分析

认知及情绪指标	生理指标	组间	组内	F值	显著性
注意力	心率	1	96	124.106	0.000
情绪唤醒	皮电反应	1	96	12.097	0.001
情绪效价	肌电反应	1	96	75.064	0.000

（2）游戏任务进行中数据

对数据进行正态性检验，结果如表6-35所示。根据结果可知，所有生理指标数据显著性$p>0.05$，因此6组数据均服从正态分布。

表6-35 游戏任务进行中视觉符号对生理反应的正态性检验

认知及情绪指标	生理指标	均值	统计量	自由度	显著性
注意力	刺激前心率	0.047	0.985	49	0.792
	刺激后心率	−3.001	0.985	49	0.785
情绪唤醒	刺激前皮电反应	0.095	0.975	49	0.383
	刺激后皮电反应	1.441	0.967	49	0.191
情绪效价	刺激前肌电反应	−0.039	0.990	49	0.950
	刺激后肌电反应	−1.150	0.977	49	0.435

对数据进行方差齐性检验，结果如表6-36所示。根据结果可知，所有生理指标显著性$p>0.05$，即方差具有齐性，因此可以采用单因素方差分析检验游戏任务进行中视觉符号对被试者认知与情绪是否产生影响。

表6-36 游戏任务进行中视觉符号对生理反应的方差齐性检验

认知及情绪指标	生理指标	统计量	自由度1	自由度2	显著性
注意力	心率	1.669	1	96	0.200
情绪唤醒	皮电反应	2.550	1	96	0.114
情绪效价	肌电反应	1.097	1	96	0.298

对游戏任务进行中视觉符号的生理数据进行单因素方差分析，结果如表6-37所示。结合表6-35数据可知，在被

试者看到任务进行中视觉符号时主效应显著性$F=351.665$，其显著概率$p=0.000<0.05$，因此任务进行中视觉符号能够影响被试者注意力变化，且被试者心率下降，注意力程度增高。被试者看到任务进行中视觉符号时皮电反应数据主效应显著性$F=29.669$，其显著概率$p=0.010<0.05$，因此任务进行中视觉符号能够影响被试者情绪，且皮电反应增高，情绪唤起水平增高。被试者看到任务进行中视觉符号时肌电反应数据主效应显著性$F=286.556$，其显著概率$p=0.000<0.05$，因此任务进行中视觉符号能够影响被试者情绪效价的变化，且负向肌电反应增高，负向情绪反应增高。

表6-37　游戏任务进行中视觉符号对生理反应的单因素方差分析

认知及情绪指标	生理指标	组间	组内	F值	显著性
注意力	心率	1	96	351.665	0.000
情绪唤醒	皮电反应	1	96	29.669	0.000
情绪效价	肌电反应	1	96	286.556	0.000

（3）游戏任务结束后数据

对数据进行正态性检验，结果如表6-38所示。根据结果可知，刺激前肌电反应$p=0.05$，其他生理指标数据显著性$p>0.05$，因此6组数据均服从正态分布。

表6-38　游戏任务结束后视觉符号对生理反应的正态性检验

认知及情绪指标	生理指标	均值	统计量	自由度	显著性
注意力	刺激前心率	−1.479	0.988	49	0.897
	刺激后心率	2.150	0.982	49	0.669
情绪唤醒	刺激前皮电反应	0.096	0.963	49	0.126
	刺激后皮电反应	−1.019	0.989	49	0.919
情绪效价	刺激前肌电反应	0.196	0.953	49	0.050
	刺激后肌电反应	0.180	0.983	49	0.696

对数据进行方差齐性检验，结果如表6-39所示。根据结果可知，所有生理指标显著性$p>0.05$，即方差具有齐性，因此可以采用单因素方差分析检验游戏任务结束后视觉符号对被试者认知与情绪是否产生影响。

表6-39　游戏任务结束后视觉符号对生理反应的方差齐性检验

认知及情绪指标	生理指标	统计量	自由度1	自由度2	显著性
注意力	心率	0.465	1	96	0.497
情绪唤醒	皮电反应	0.918	1	96	0.340
情绪效价	肌电反应	2.305	1	96	0.132

对游戏任务结束后视觉符号的生理数据进行单因素方差分析，结果如表6-40所示。结合表6-38数据可知，在被试者看到任务结束后视觉符号时主效应显著性$F=744.356$，其显著概率$p=0.000<0.05$，因此任务结束后视觉符号能够影响被试者注意力变化，且被试者心率上升，注意力程度降低。被试者看到任务结束后视觉符号时皮电反应数据主效应显著性$F=2905.278$，其显著概率$p=0.000<0.05$，因此任务结束后视觉符号能够影响被试者情绪，且皮电反应降低，情绪唤起水平降低。被试者看到任务结束后视觉符号时肌电反应数据主效应不显著$F=0.746$，其显著概率$p=0.390>0.05$，因此任务结束后视觉符号不影响被试者情绪效价。

表6-40　游戏任务结束后视觉符号对生理反应的单因素方差分析

认知及情绪指标	生理指标	组间	组内	F值	显著性
注意力	心率	1	96	744.356	0.000
情绪唤醒	皮电反应	1	96	2905.278	0.000
情绪效价	肌电反应	1	96	0.746	0.390

综合所有数据分析结果可知，竞技对战类游戏中视觉符号能够引起用户的情绪变化，且不同时期出现的视觉符号能够引起不同的情绪变化。

参考文献

[1]肖婕. 人工智能背景下产品设计高技能人才培养模式创新研究[J]. 中国包装，2022，42（7）：89-92.

[2]娄宇爽，李四达. 人工智能设计的发展趋势研究[J]. 艺术与设计（理论），2019，2（7）：87-89.

[3]孙凌云，张于扬，周志斌，等. 以人为中心的智能产品设计现状和发展趋势[J]. 包装工程，2020，41(2)：1-6.

[4]哈维·理查德·施夫曼. 感觉与知觉[M]. 李乐山，等译. 5版.西安：西安交通大学出版社，2014.

[5]弗雷德里克·亚当斯，肯尼斯·埃扎瓦. 语言与认知译丛：认知的边界[M]. 黄侃，译. 杭州：浙江大学出版社，2013.

[6]史忠植. 智能科学[M]. 3版. 北京：清华大学出版社，2019.

[7]李立新. 设计艺术学研究方法[M]. 南京：江苏美术出版社，2010.

[8]王卫军，宁致远，杜一，等. 基于多标签分类的科技文献学科交叉研究性质识别[J/OL]. 数据分析与知识发现，2022. https://kns.cnki.net/kcms/detail/10.1478.g2.20220705.1038.004.html.

[9]张履祥，葛明贵. 普通心理学[M]. 合肥：安徽大学出版社，2004.

[10]大卫·休谟. 人性论[M]. 石碧球，译. 北京：中国社会科学出版社，2009.

[11]胡洁. 人工味觉系统——电子舌的研究[D]. 杭州：浙江大学，2002.

[12]赵新灿，左洪福，任勇军. 眼动仪与视线跟踪技术综述[J]. 计算机工程与应用，2006（12）：118.

[13]李颖洁，邱意弘，朱贻盛. 脑电信号分析方法及其应用[M]. 北京：科学出版社，2009.

[14]杨捷鸿，焦学军，曹勇，等. 多生理信号信息融合技术的情绪识别发展[J]. 生物医学工程研究，2021，40(4)：420-427.

[15]刘绍辉. 人体表面肌电信号分析及其在康复医学中的应用[D]. 长春：长春大学，2017.

[16]凯西·康克林，阿纳·佩利克·桑切斯，盖乐思·卡罗. 眼动追踪：应用语言学研究实用指南[M]. 于秒，仝文，译. 上海：上海三联书店，2020.

[17]阿加·博伊科. 眼动追踪用户体验优化操作指南[M]. 葛缨，何吉波，译. 北京：人民邮电出版社，2019.

[18]达克沃斯基. 眼动跟踪技术：原理与应用[M]. 赵歆波，邹晓春，周拥军，译. 北京：科学出版社，2015.

[19]赵仑.ERPs实验教程[M]. 修订版. 南京：东南大学出版社，2010.

[20]应鑫. 基于多生理信号的情绪识别研究[D]. 南京：南京邮电大学，2021.

[21]翟振武. 社会调查问卷设计与应用[M]. 北京：中国人民大学出版社，2019.

[22]丛日玉. 调查问卷设计与处理分析：Spss与Excel实现[M]. 北京：中国统计出版社，2017.

[23]贺珍. 问卷设计五原则[J]. 秘书之友，2018（9）：16-18.

附　　录

武汉轨道交通线路图用户研究

感谢您能抽出几分钟时间来参加本次答题，现在我们就马上开始吧！

1. 您的性别是？【单选题】

○ 男

○ 女

2. 您的年龄是？【单选题】

○ 18岁以下

○ 18~24岁

○ 25~30岁

○ 31~40岁

○ 41~50岁

○ 51~60岁

○ 61岁及以上

3. 您属于以下哪个视觉类别？【单选题】

○ 正常视觉

○ 红色盲

○ 绿色盲

○ 蓝黄色盲

○ 全色盲

4. 您乘坐地铁时，最关心线路图上的哪些信息？【多选题】

□ 换乘站点

□ 线路走向

□ 市域划分（处于哪个区）

□ 标志物（如长江、南湖等）

□ 整体的设计美感

□ 方位信息（东西南北）

□ 其他

5. 您观看地铁线路图时的顺序是什么？【单选题】

○ 先看线路色——找到目标线路——找到目标站点（换乘站点）

○ 先确定自身现处的站点——找到目标线路——找到目标站点

○ 随机找到目标站点

○ 其他

6. 您在观看地铁线路图时曾遇到哪些问题？　【多选题】

　　☐ 找换乘站点耗时长

　　☐ 换乘站点不知道是哪几条线路经过的

　　☐ 找到目的站点耗时长

　　☐ 线路色彩记不住，区分不开

　　☐ 其他

7. 您认为下面的线路图存在哪些问题？　【多选题】

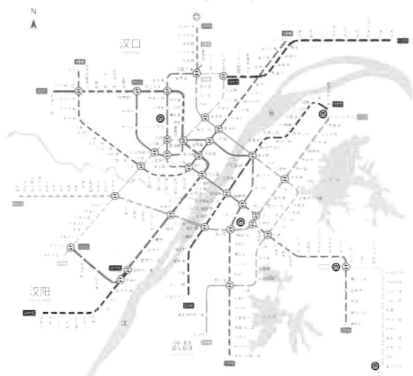

　　☐ 换乘站不明显

　　☐ 色彩繁多不和谐

　　☐ 线路走势复杂

　　☐ 没有突出地域文化性

　　☐ 缺乏美感

　　☐ 其他

8. 您认为色彩美学在地铁线路图中重要吗？　【单选题】

　　○ 重要

　　○ 不重要

9. 您认为影响地铁线路图美观的因素有哪些？　【多选题】

　　☐ 色彩和谐

　　☐ 字体清晰

　　☐ 信息层次清晰

　　☐ 线路拐角平滑

　　☐ 背景丰富

　　☐ 线路形状的粗细

10. 您认为哪一种线路走势更好？ 【单选题】

○ 写实型

○ 几何型

11. 您认为哪一种线路上的站点与字体的排列方式更便于识别？ 【单选题】

○ 站点小圆且无描边

○ 站点黑色描边

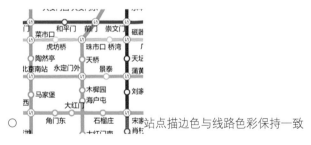

○ 站点描边色与线路色彩保持一致

12. 您认为哪一种换乘符号更容易识别？ 【单选题】

○

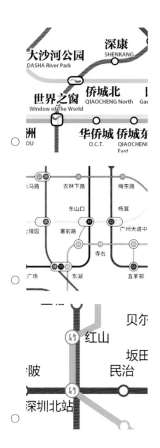

○

○

○

13. 您认为下面哪一种表示河流要素的形式比较好？　【单选题】

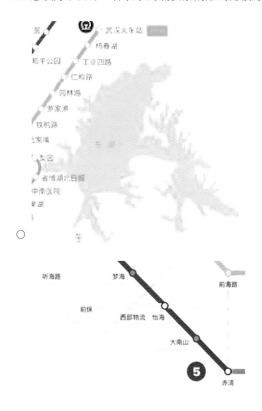

○

○

○

14. 您认为哪一种地铁线路图设计更美观一些? 【单选题】

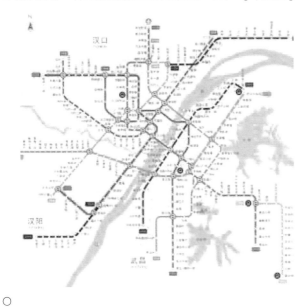

○

○

15. 您认为下面的线路图色彩搭配是否影响线路识别？【单选题】

○ 影响识别

○ 不影响识别

16. 您认为下面的线路图色彩搭配是否影响线路识别？【单选题】

○ 影响识别

○ 不影响识别

17. 您认为下面的相交线路的色彩搭配哪一个会影响识别？【单选题】

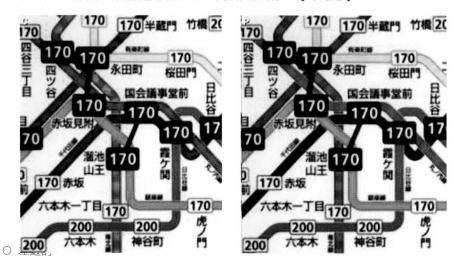

　○ 右边的

　○ 都不影响识别

18. 您认为地铁线路的色彩设计应当具有哪些特性？　【多选题】

　□ 色彩鲜艳

　□ 代表地域文化

　□ 有情感寄托（如科技蓝、活力橙）

　□ 线路之间色彩对比强烈

　□ 符合无障碍色彩

19. 您对地铁线路图的设计有什么建议？　【简答题】

后　记

设计是人类实施创新的起点，萌芽于新石器时代，并绵延数千年。进入21世纪，数字技术、信息技术、网络技术等快速发展，推动着人类社会逐渐迈入智能化发展阶段。在创意设计这一独特领域，人工智能技术也给艺术设计行业带来了巨大变革，实时传感、VR/AR、AI等智能技术成为设计创新核心技术，颠覆了传统的设计范式，因此迫切需要研究智能技术与艺术设计相融合的技术方法。本书力图从人的基本感知与认知功能出发，通过介绍前沿智能设备的功能及操作步骤，探索人对设计产品的评价与判断形成的内在规律，科学评判设计产品的使用感受，揭示设计产品在投产前存在的问题与不足，以期对智能设计及其改良有借鉴与参考意义。

本书基于设计艺术学与人因工效学等理论，运用定性与定量、理论与实践相结合的方法，围绕人的本能生理反应特征展开智能设计实验与评价研究。首先，把人、产品、环境三者看成是一个完整系统中三个层次的子系统，通过采集分析眼动轨迹、脑电信号等生理数据，获取用户对实验产品的客观真实评价。其次，根据现阶段艺术设计主流专业方向，通过典型案例进行个案实验分析。最后，基于实验结果，阐明智能设计中主流设计分析方法，力图形成智能设计实验评价研究范式。为更好地服务读者需求，本书试图回答以下几个问题：

（1）智能设计感知实验的用途是什么？

（2）智能设计感知实验的原理、方法和流程如何设计？

（3）智能设计感知实验的数据结果如何计算与分析？

本书内容设计遵循专业学科知识结构，共分为四个部分6章内容。

第一部分主要为第1章，介绍智能设计的发展现状与应用领域等。

第二部分主要为第2章，是对感知实验的概述。主要介绍感知、认知的原理与分类，以及眼动实验、脑电实验、心电实验、肌电实验、皮电实验5个感知实验的应用原理与应用范围。

第三部分包括第3章至第5章，也是本书的主体部分。对目前应用较为广泛的眼动实验与脑电实验的实验目的、实验仪器、实验方案、操作流程以及数据分析方法进行详细的介绍，同时对心电实验、肌电实验、皮电实验以及问卷设计的相关操作原理与流程进行论述。

第四部分主要是第6章，按不同专业方向的典型设计案例进行具体实验操作讲述。专业涵盖了视觉传达设计、工业设计、产品设计、环境设计、交互设计等，为不同设计专业方向从业者与学生提供实验操作参考。

本书的出版要感谢国家社科基金艺术学一般项目"中国艺术设计产业核心能力评价与培育研究"（18BG137）、教育部产学合作协同育人项目"复杂数据下《信息可视化设计》实验教学改革与实践"（202101361017）和武汉理工大学中央高校基本科研业务费专项"基于用户认知的大数据可视化艺术设计评测方法研究"（212274024），为项目研究和著作出版提供了条件与经费支持。全书由王军统筹，撰写11万字，周艳负责动画、交互方向内容，撰写10万字，王凯平负责实验操作指导与撰写工作，参与本书撰写的还有博士研究生赵一然、王紫、谢子为，硕士生罗可意、李纯诚、王庆华、杨蓓、王珺珺、刘静文等205研究室同学。

另外，本书内容是学习与继承国内外相关研究成果的结果，参考了众多专家学者的专著、论文、研究报告，引用了相关图片，均标注在教程的参考文献与附录部分。在此，特向本书引用和参考的专著、论文的作者表示诚挚的谢意。

最后，需要指出作为一部方法论探讨性著作，书中部分内容还需要进一步研究，仍存在不足之处，诚挚欢迎各位专家读者批评、指正。

王　军

2023年2月